José Vicente Negrete Díaz
A. Rodríguez Moreno

El receptor de kainato y la regulación de la liberación de glutamato

José Vicente Negrete Díaz
A. Rodríguez Moreno

El receptor de kainato y la regulación de la liberación de glutamato

Acciones metabotrópicas

PUBLICIA

Imprint

Cover image: www.ingimage.com

Publisher:
PUBLICIA
is a trademark of
International Book Market Service Ltd., member of OmniScriptum Publishing Group
17 Meldrum Street, Beau Bassin 71504, Mauritius

Printed at: see last page
ISBN: 978-620-2-43149-1

Zugl. / Aprobado por: Sevilla, España, Universidad Pablo de Olavide, Tesis

El receptor de kainato y la regulación de la transmisión glutamatérgica

Acciones metabotrópicas

JOSÉ VICENTE NEGRETE DÍAZ
ANTONIO RODRÍGUEZ MORENO

MÉXICO, 2018

Dedicatorias:

A mis hijos Yolotxochitl, Huitzikitzi y Roberto

Agradecimientos:

Al Laboratorio de Neurociencia Celular y Plasticidad de la Universidad Pablo de Olavide, de Sevilla, España, por hacer posible la generación y recopilación del conocimiento presentado en esta obra.

Al Departamento de Enfermería Clínica, División de Ciencias de la Salud e Ingenierías del Campus Celaya-Salvatierra, Universidad de Guanajuato, México, por las facilidades otorgadas para concretar su edición.

ABREVIATURAS

ACh	acetilcolina
AChR	receptor de acetilcolina
ACSF	fluido cerebroespinal artificial, por sus siglas en inglés
AMPA	ácido α-amino-3-hidroxi-5-metil-4-isoxazolepropiónico
AMPAR	receptor de glutamato tipo AMPA
cAMP	adenosín monofosfato cíclico
APV	ácido fosfonovalérico
ATP	adenosín trifosfato
ATPA	ácido(RS)-α-amino-3-hidroxi-5-ter-butil-4-isoxazolepropiónico
Ca^{2+}	ión calcio
CA	*Cornu Ammonis*, Asta de Ammon
CV	coeficiente de variación
CNQX	6-ciano-7-nitroquinoxalin-2,3-diona
D-AP5	ácido D-2-amino-5-fosfopentanoico
DRG	ganglio de la raíz dorsal
EEM	error estándar de la media
eEPSPs	potenciales postsinápticos excitadores provocados
eEPSCs	corrientes postsinápticas excitadoras provocadas
eEPSCs-AMPA	eEPSCs mediadas por los receptores de tipo AMPA
eEPSC-NMDA	eEPSCs mediadas por los receptores de tipo NMDA
eIPSCs	corrientes postsinápticas inhibidoras provocadas
fEPSPs	potenciales postsinápticos excitadores de campo
fS	femtosiemens
Fig.	figura
$G_{i/o, q}$	proteína G tipo i, o, q
GABA	ácido γ-aminobutírico
Glu	receptor de glutamato
GluK1	KAR, también llamado GluR5
GluK2	KAR, también llamado GluR6
GluK3	KAR, también llamado GluR7
GluK4	KAR, también llamado KA1
GluK5	KAR, también llamado KA2
Hz	Hercio
iGluR	receptor de glutamato ionotrópico
IP_3	inositol trifosfato
IR-DIC	visión infrarroja con contraste interdiferencial

K^+	ion potasio
KA	kainato
KA1-2	subunidades KA1 y KA2 del receptor ionotrópico de tipo kainato
KARs	receptores de glutamato de tipo kainato
kDa	kilodalton
LA	núcleo lateral de la amígdala
LTD	*long-term depression* (depresión de larga duración)
LTP	*long-term potentiation* (potenciación de larga duración)
MF-CA3	sinapsis fibra musgosa-CA3
Mg^{2+}	ion magnesio
mGluR	receptor de glutamato metabotrópico
mGluR1-8	subunidades 1 a 8 de los receptores de glutamato metabotrópicos
min	minuto
mM	milimolar
mOsm	miliosmolar
µM	micromolar
MΩ	Megaohmios
ms	milisegundo
mV	milivoltio
Na^+	ión sodio
NMDA	ácido N-metil-D-aspártico
NMDAR	receptor de glutamato tipo NMDA
pA	picoamperio
PKA	proteína quinasa A
PKC	proteína quinasa C
PPF	facilitación por pares de pulsos
pS	picosiemens
PTX	*pertussis toxin*, toxina pertúsica
SNC	Sistema Nervioso Central
TEA	tetraetilamonio
Th-LA	sinapsis tálamo-núcleo lateral de la amígdala
TTX	tetrodotoxina

ÍNDICE

Parte I

Receptores de glutamato, el receptor de tipo kainato y su estudio electrofisiológico

CAPÍTULO 1

Receptores de glutamato

El glutamato es el neurotransmisor más importante en el cerebro y media la neurotransmisión excitadora en la mayoría de las sinapsis del sistema nervioso central (SNC) de los mamíferos, además es uno de los neurotransmisores más abundantes durante la formación del SNC, donde está involucrado en procesos fisiológicos tan diversos como la proliferación, maduración, supervivencia y migración neuronal, la formación, remodelación y eliminación de sinapsis, y el establecimiento y refinamiento de las conexiones neuronales. Glutamato tiene además un papel muy importante en las enfermedades neurológicas debido a que las elevadas concentraciones extracelulares de este aminoácido liberado como resultado de daño neuronal, resultan tóxicas para las neuronas (Neuroscience, 2004).

Alteraciones en la neurotransmisión glutamatérgica están implicadas en el daño neuronal observado luego de episodios de isquemia y de hipoglucemia, y en la etiología de una serie de estados neurológicos patológicos que abarcan la epilepsia, las enfermedades Alzheimer, de Parkinson, la Corea de Huntington, la esclerosis amiotrófica lateral y la esquizofrenia (Pin y Duvoisin, 1995; Dingledine *et al.*, 1999; Meador-Woodruff y Healy, 2000; Lerma *et al.*, 2001). Este neurotransmisor actúa además como mediador de la transmisión sináptica y de los cambios duraderos en la eficacia sináptica, conocidos como potenciación de larga duración (long-term potentiation, LTP) y depresión de larga duración (long-term depression, LTD), los cuales se consideran el sustrato celular y molecular de los procesos de aprendizaje y memoria, y de otros fenómenos de plasticidad sináptica (Anwyl, 1999; Kandel et al., 2000; Kreitzer y Malenka, 2008; Citri y Malenka, 2008; Neves et al., 2008; Butz et al., 2009).

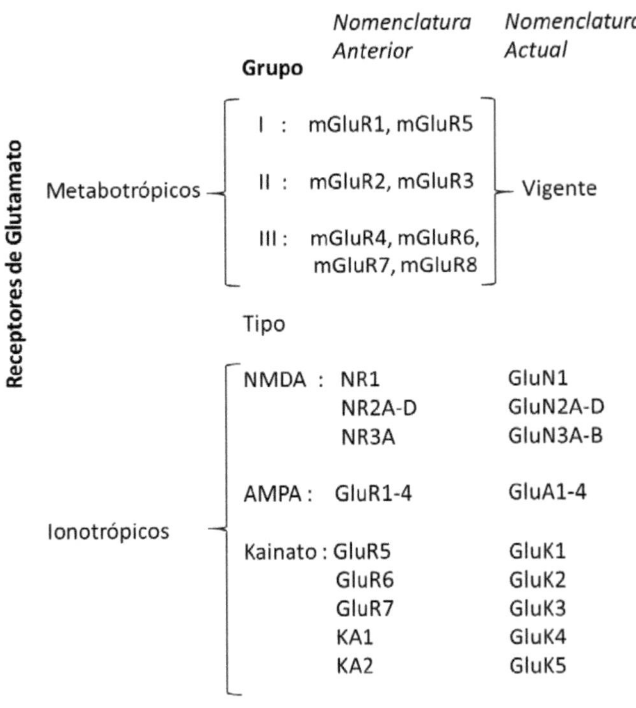

Fig. 1. Clasificación de los receptores de glutamato. Se muestra la nomenclatura usual para los receptores de glutamato metabotrópicos. En particular, la nomenclatura de los receptores ionotrópicos se ha sustituido gradualmente (Collingridge et al., 2009), por ejemplo desde que se clonó la primera subunidad del receptor de kainato ésta se denominó GluR5, ahora se conoce más como GluK1 por esa misma razón.

Las acciones fisiológicas de glutamato están mediadas por la activación de sus receptores. Existen dos grandes familias de receptores de glutamato: ionotrópicos y metabotrópicos. Los receptores ionotrópicos (iGluR) participan en la neurotransmisión rápida en el sistema nervioso y se clasifican en tres tipos, en función del agonista que los activa con mayor afinidad: receptores de tipo NMDA (ácido N-metil-D-aspártico), de tipo AMPA (ácido α-amino-3-hidroxi-5-metil-4-isoxazolpropiónico) y receptores de tipo kainato (Neuroscience, 2004; Fig. 1). Los receptores metabotrópicos (mGluR) de glutamato participan en la neurotransmisión lenta en el SNC, se dividen en ocho tipos (mGluR 1-8) y están acoplados a proteínas G. Ambas familias de receptores de glutamato se describen en apartados siguientes.

a. Receptores metabotrópicos de glutamato.

Generalidades.

Desde que se clonó el primer receptor metabotrópico de glutamato, el receptor mGluR1 (Masu *et al*, 1991), este tipo de receptores se ha continuado investigando extensamente a nivel celular, molecular, bioquímico, fisiológico y comportamental. La familia de receptores de glutamato metabotrópicos (mGluR) se encuentran acoplados a proteínas G, están formados por una cadena polipeptídica y poseen siete dominios transmembranales. Se han identificado ocho subtipos nombrados mGluR 1-8, reunidos en tres grupos (mGluR grupo I, mGluR grupo II y mGluR grupo III) basándose en la homología de las secuencia de sus aminoácidos, en los mecanismos de transducción de señales y en sus propiedades farmacológicas (ver Anwyl, 1999; para revisión; Fig. 1). Estos receptores mGluR, regulan la actividad de enzimas de membrana y de canales iónicos, mediando la actividad sináptica excitadora lenta, pero duradera, en el SNC.

Estructura molecular.

Desde el punto de vista molecular, los mGluR son proteínas integrales de membrana formadas por una única cadena polipeptídica. Estos receptores presentan un gran extremo aminoterminal que se extiende en el espacio extracelular, una porción central constituida por siete segmentos transmembranales con estructura α-helicoidal, unidos por tres bucles intracelulares y tres extracelulares, y un extremo carboxilo terminal (C-terminal) localizado intracelularmente. Los residuos aminoacídicos del segundo y tercer bucle intracelular constituyen la región más importante para la activación y el acoplamiento del receptor a la proteína G (Fig. 2). Por su parte, los residuos del extremo C-terminal están implicados en la desensibilización inducida por la PKC y en la interacción con proteínas intracelulares como la calmodulina, Homer o proteínas con dominios PDZ (Pin y Duvoisin, 1995; Conn y Pin, 1997).

Subtipos de receptores metabotrópicos.

Los ocho receptores que se han clonado se integran, como se ha menciondo, en tres grupos (mGluR I-III), basados en la identidad de la secuencia, perfil farmacológico y sistema de transducción de señales. Los receptores del grupo mGluR I (mGluR1 y mGluR5) están acoplados principalmente a proteínas G_q, activan la vía de la fosfolipasa C y generan señales de Ca^{2+} intracelular. Los receptores del grupo mGluR II (mGluR2 y mGluR3) y del grupo mGluR III (mGluR4, mGluR6-8) están acoplados a proteínas $G_{i/o}$, inhiben a la adenilato ciclasa y regulan la actividad de varios canales iónicos (ver Goudet *et al.*, 2008 para revisión).

La homología de la secuencia de aminoácidos en los miembros de cada grupo es de alrededor del 60-70%, mientras que es menor, hasta de un 40-45%, entre miembros de diferente grupos (Pin y Duvoisin, 1995).

Los mGluRs localizados postsinápticamente (principalmente los mGluR del grupo I) participan en la regulación de la excitabilidad neuronal y en la regulación de corrientes a través de receptores ionotrópicos de glutamato. Los receptores de los grupos II y III son principalmente presinápticos y su activación reduce la transmisión sináptica y la excitabilidad neuronal (ver Goudet *et al.*, 2008 para revisión).

Distribución.

Empleando técnicas de inmunohistoquímica y de hibridación *in situ* se ha mostrado que los mGluRs se encuentran distribuidos ampliamente en el SNC y que los patrones de expresión y localización de los distintos subtipos son bastante diferentes. Los mGluR del grupo I se localizan principalmente a nivel postsináptico en cuerpos celulares, troncos dendríticos, espinas dendríticas y fuera de la densidad postsináptica. Los mGluR del grupo II, se localizan a ambos lados de la sinapsis. En hipocampo se encuentran principalmente en la terminal presináptica, aunque en cerebelo se localizan tanto pre como postsinápticamente. Los receptores del grupo III están ubicados principalmente a nivel presináptico, los subtipos mGluR4, mGluR7 y mGluR8 se distribuyen por todo el SNC, mientras que mGluR6 se distribuye únicamente en las células bipolares de la retina a nivel postsináptico. Estos receptores se localizan mayoritariamente en la especialización presináptica de los terminales axónicos (Luján *et al.*, 1996, 1997).

b. Receptores ionotrópicos de glutamato.

Los receptores ionotrópicos de glutamato (iGluR) forman un canal catiónico y su activación permite el paso de iones sodio (Na^+), potasio (K^+) y en algunos de calcio (Ca^{2+}), lo que produce como efecto neto una despolarización de la neurona. Se han identificado tres tipos de iGluR, nombrados de acuerdo al agonista que los activa con mayor afinidad: receptores de tipo NMDA (ácido N-metil-D-aspártico), de tipo AMPA (ácido α-amino-3-hidroxi-5-metil-4-isoxazolpropiónico) y de tipo kainato (Fig. 1). Al igual que otros receptores operados por ligando, están formados por la asociación de cuatro subunidades que pueden combinarse de diversas maneras para producir una gran número de tipos de receptores (Neuroscience, 2004).

Receptores de tipo NMDA.

Los receptores de tipo NMDA están formados por cuatro subunidades: dos subunidades NR1 y además dos subunidades que pueden ser NR2A-D o NR3A-B. La combinación precisa en subunidades determina las propiedades funcionales de los receptores de tipo NMDA (Cull-Candy y Leszkievicz, 2004, ver Yashiro y Philpot, 2008 para revisión). La fisiología de estos receptores se ha descrito ampliamente, gracias en gran medida a la disponibilidad de sustancias como el agonista ácido N-metil-D-aspártico (NMDA) y los antagonistas D-AP5 y ketamina, y el bloqueante MK-801, que han facilitado su caracterización e implicación en numerosos procesos fisiológicos y neuropatológicos en el SNC.

Los receptores de glutamato de tipo NMDA son canales iónicos que permiten el flujo de iones Ca^{2+}, Na^{+} y K^{+}. Poseen dos sitios de unión para ligandos, uno para glutamato y otro para glicina; ambos son necesarios para activar el receptor. Estos receptores en condiciones fisiológicas están bloqueados por el ion Mg^{2+}, tienen además una cinética de activación e inactivación lenta, un tiempo de apertura prolongado y posee una alta permeabilidad al ion Ca^{2+} (García y Pazos, 2004).

Los receptores de tipo NMDA poseen ciertas propiedades que los hacen únicos entre todos los demás; en adición al sitio de unión para glicina, cuenta con varios sitios de regulación alostérica, que son blanco de sustancias tanto endógenas como exógenas; estos incluyen: un sitio en la luz del canal para fenciclidinas (PCP), ketamina y para el bloqueante MK-801, además de un sitio de unión al Zn^{2+}, que inhibe las respuestas producidas por el agonista de forma independiente del voltaje (Macdonald *et al.*, 1991; Lerma *et al.*, 1991). Además, las poliaminas espermina y espermidina potencian las respuestas del receptor que también es sensible a altas concentraciones extracelulares de H^{+} (Lerma, 1992; Traynelis y Cull-Candy, 1990).

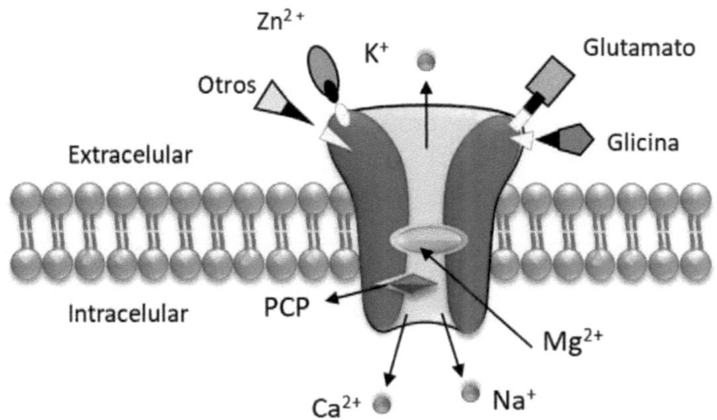

Figura 2. Sitios de unión del ligando, coagonistas y de reguladores alostéricos de los receptores de tipo NMDA. Esta ilustración fue realizada usando las herramientas de dibujo en Power Point Motifolio (Motifolio Inc., MD, USA).

Inicialmente se observó que una sola subunidad, la NR1A, era suficiente para producir receptores homoméricos en ovocitos de Xenopus con las propiedades citadas anteriormente, sin embargo presentaban una menor amplitud de corriente con respecto a los receptores nativos, lo que sugirió que posiblemente estos últimos contenían subunidades adicionales.

La clonación de al menos cuatro subunidades adicionales (NR2A-D) confirmó esta hipótesis y aunque estas subunidades no son capaces de formar receptores funcionales, a menos que se expresen con la subunidad NR1, si influyen en las propiedades de los receptores resultantes, por ejemplo en la sensibildad a Mg^{2+} y la afinidad para agonistas y antagonistas (García y Pazos, 2004).

En general los receptores de tipo NMDA conservan la misma organización estructural que los receptores de los tipos AMPA y de kainato, aunque la homología de secuencias con estos últimos sea de sólo un 22%. Existe poca homología (15%) entre NR1 y los distintos NR2, estos últimos contienen segmentos de mayor longitud y son muy variables en la región C-terminal (103 kDa en NR1 vs. 133-163 kDa en NR2) y la homología entre ellos es de 40-52 %.

La subunidad NR1 está presente en casi todas las neuronas del cerebro (Moriyoshi, *et al*., 1991) de modo que resulta ser una subunidad común a todos los receptores de NMDA; las subunidades NR2 presentan patrones de expresión diferentes en el cerebro y médula espinal, modificándose durante el desarrollo (Watanabe *et al*., 1992; Monyer *et al*., 1994).

Los receptores de tipo NMDA han sido involucrados en los mecanismos celulares complejos, que abarcan desde fenómenos de plasticidad sináptica como la LTP (Nicoll *et al*., 1988) hasta procesos de muerte celular mediados por glutamato.

Receptores de tipo AMPA.

Los receptores de glutamato ionotrópicos de tipo AMPA son los principales transductores de la neurotransmisión excitadora rápida en el cerebro de los mamíferos y son blanco para múltiples vías de señalización que regulan la fuerza de las sinapsis glutamatérgicas. Los receptores de tipo AMPA en el SNC son tetrámeros compuestos por cuatro subunidades denominadas GluR1-4 y que presentan una homología entre ellas del 68 al 75%; cada una de estas subunidades presenta dos variantes, denominadas "flip" o "flop", generadas por procesamiento alternativo de los mRNA.

La composición de subunidades varía dependiendo de la región del cerebro, por ejemplo en la sinapsis CA3-CA1 de hipocampo la mayoría de los receptores de tipo AMPA son heterómeros compuestos de las subunidades GluR2, más GluR1 o GluR3 (ver Derchak *et al*., 2007 para revisión).

Aunque las subunidades de los receptores de tipo AMPA son altamente homólogas (del 68%, entre ellas), tanto las propiedades funcionales de los receptores de tipo AMPA como su tráfico dependen de las subunidades que los integran (Dingledine *et al*., 1999; Collingridge *et al*., 2004). La región en la que más difieren las subunidades, tanto estructural como funcionalmente, es la correspondiente al extremo el C-terminal, el cual contiene dominios reguladores que son blanco para múltiples vías de transducción de señales intracelulares. El extremo C-terminal también interactúa con proteínas de andamiaje que unen proteínas de señalización como quinasas y fosfatasas, así como con proteínas de citoesqueleto como la actina (Collingridge *et al*, 2004; Kim y Sheng, 2004; Nicoll *et al*., 2006).

Los complejos de multiproteínas que forman los receptores de tipo AMPA con diversas proteínas y subunidades auxiliares influyen en varios aspectos de su función incluyendo la apertura, tráfico y estabilización en la sinapsis; más aún, la actividad neuronal puede también regular la síntesis dendrítica local de estos receptores y su abundancia en la sinapsis. También, los patrones de expresión de las subunidades y sus patrones de interacción son regulados durante el desarrollo en regiones específicas del cerebro; así, múltiples mecanismos contribuyen a la complejidad de la funcionalidad de los AMPARs y a la regulación de la fuerza sináptica (ver Derchak *et al*., 2007 para revisión).

Un determinante molecular importante para las propiedades de canal de los receptores de AMPA es el aminoácido situado en la posición 586 (sitio Q/R). En tres de las cuatro subunidades de los receptores de tipo AMPA (GluR1, 3 y 4) esta posición está ocupada por una glutamina (Q) y los canales formados por cualquiera de estas subunidades presentan una marcada rectificación entrante: dejan pasar más corriente en sentido entrante (potenciales de membrana negativos) que en sentido saliente (potenciales de membrana positivos) y son significativamente permeables a calcio (Hollman *et al*., 1991).

Los receptores de tipo AMPA se distribuyen por todo el cerebro, existiendo cambios de expresión según la etapa del desarrollo y el tipo de subunidad. La subunidad GluR2 es fenotípicamente dominante, determinando el comportamiento del canal; por ejemplo, en el cerebro adulto, la subunidad GluR2 es sometida a edición del mRNA de modo que el codón de glutamina (Q) para el residuo 607, puede ser reemplazado por la arginina (R), (Jonas, *et al*., 1995; Kask *et al*., 1998); este cambio hace que estos receptores presenten rectificación saliente (dejan pasar más corriente a potenciales de membrana positivos que negativos) y no permeen calcio. Por lo tanto la forma editada de GluR2 controla ciertas propiedades de los receptores, como la permeabilidad a Ca^{2+}, la conductancia del canal, la cinética y la afinidad del receptor para glutamato, y el ensamblaje de la subunidad al receptor funcional.

Las poliaminas intracelulares endógenas interactúan fuertemente con el canal abierto de los receptores de tipo AMPA carentes de la subunidad GluR2, resultando en un bloqueo dependiente de voltaje del receptor (Bowie *et al.*, 1998). Los receptores carentes de la subunidad GluR2 tienen incrementados la permeabilidad a Ca^{2+}, la conductancia del canal, la probabilidad de apertura y de rectificación, mientras que los receptores que si contienen la subunidad GluR2 carecen de rectificación y muestran valores decrementados de la conductancia del canal, de la probabilidad de apertura y de la permeabilidad al Ca^{2+} (Swanson *et al.*, 1997; Burnashev y Rozov, 2005). Por lo tanto, la presencia o ausencia de la subunidad GluR2 puede alterar dramáticamente las propiedades de los receptores de tipo AMPA y por lo tanto la transmisión sináptica.

Finalmente, los receptores de tipo AMPA se encuentran altamente expresados en el hipocampo y en las capas superficiales de la corteza; las capas profundas de la corteza y el caudado/putamen expresan niveles intermedios. Además de participar en la transmisión rápida de la información sináptica, estos receptores también han sido involucrados de manera importante en algunas formas de plasticidad sináptica; además, en condiciones patológicas, una excesiva entrada de calcio a su través también contribuye a la muerte neuronal.

Receptores de tipo Kainato.

El ácido kaínico es un potente excitador y neurotóxico, fue inicialmente aislado de un alga marina hace más de 50 años y se sabía que, junto con el ácido domóico, causa patrones de disparo de tipo epileptogénico y envenenamiento amnésico. A mediados de los 1970's, las acciones excitadoras y neurotóxicas de kainato (KA) eran bien conocidas y se postuló la hipótesis de que este compuesto actuaba sobre un tipo específico de receptores (Watkins y Evans 1981), lo que fue apoyado por la demostración de sitios de unión de alta afinidad para [^{3}H] kainato en el cerebro de la rata; además se observó que causaba diferentes respuestas despolarizantes y desensibilizantes en fibras de tipo C en los ganglios de la raíz dorsal (DRG, Agrawal y Evans, 1986; Huettner, 1990).

Trabajos posteriores confirmaron la existencia de tres subtipos diferentes de receptores (Hollmann y Heinemann, 1994; Dingledine *et al.*,1999), aunque también se ha reconocido que muchos aminoácidos excitadores, incluyendo KA y AMPA, no son completamente selectivos para un solo tipo de receptor; de modo que kainato activa también receptores AMPA y produce corrientes sostenidas duraderas (Kiskin *et al.*, 1986; Keinänen *et al.*, 1990; Patneau y Mayer, 1991), y AMPA puede activar algunos tipos de receptores de KA (Herb *et al.*, 1992).

Los receptores de glutamato de tipo kainato conforman uno de los componentes del sistema sináptico de señalización por glutamato en el sistema nervioso que ha sido más difícil de conocer a lo largo de los años. La falta de herramientas farmacológicas ha dificultado la detección de estos receptores en neuronas centrales, retrasando en gran medida la identificación de su papel fisiológico. La clonación de las subunidades que componen los receptores de kainato, la evidencia de su existencia como entes moleculares independientes en neuronas del SNC, así como el descubrimiento de agentes farmacológicos selectivos, han posibilitado durante la pasada década la definición de los procesos en los que estos receptores tienen un papel (Lerma, 2006).

CAPÍTULO 2

Biología molecular de los receptores de kainato (KAR)

Familia de subunidades GluR5, 6 y 7; KA1 y KA2 (GluK1-5)

Se conocen cinco diferentes subunidades que contribuyen a los receptores de KA (Hollmann y Heinemann, 1994), agrupadas en dos familias, basándose en la homología de sus secuencias y en las propiedades de unión de agonistas. Una de ellas se compone de las subunidades GluR5, GluR6 y GluR7, las cuales tienen una homología del 70% entre sí (Bettler *et al.*, 1990, 1992; Egebjerg *et al.*, 1991; Sommer *et al.*, 1992). El otro grupo lo forman las subunidades KA1 y KA2, que tienen una homología entre ellas también del 70% (Werner *et al.*, 1991; Herb *et al.*, 1992), pero solo presentan un 40% de similitud con el primer grupo. En el 2009 Collingridge y colaboradores propusieron una nueva nomenclatura, aunque aún se usa la anterior (Fig. 1).

Ambas familias de subunidades de KARs también muestran una menor homología con las subunidades de receptores tipo AMPA (30–35%) y con las subunidades de los receptores de tipo NMDA (10–20%). Además, se cree que todas las subunidades de receptores de glutamato adoptan la misma topología de membrana (Fig. 3). Son cuatro segmentos hidrofóbicos: tres dominios transmembranales y uno en forma de asa, que se queda inmerso en la membrana, orientado hacia la cara citoplásmica para formar el poro, y un extremo carboxilo terminal en la porción intracelular (Hollmann et al.,1994; Bennett y Dingledine, 1995).

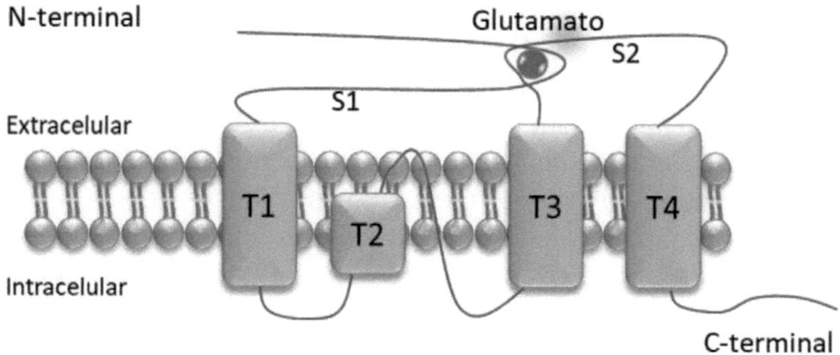

Fig. 3. La topología de las subunidades de los receptores ionotrópicos de glutamato de tipo kainato es semejante a la que poseen los receptores de tipo NMDA y de tipo AMPA. Ilustrada usando Motifolio ((Motifolio Inc., MD, USA).

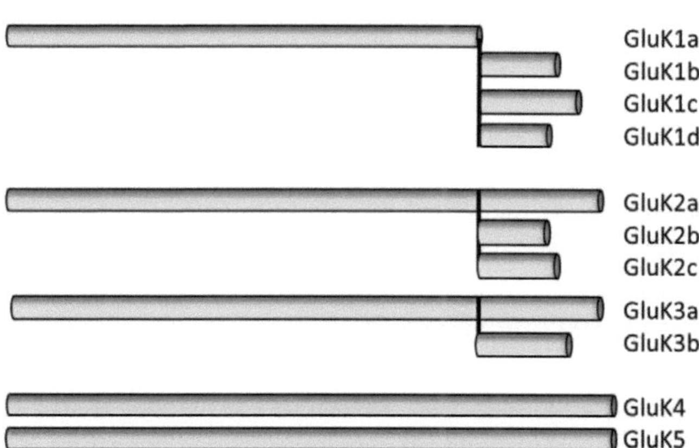

Fig. 4. Subunidades de los receptores de kainato. Se muestran variantes de las subunidades de GluK1, GluK2 y GluK3. Ilustrada usando Motifolio ((Motifolio Inc., MD, USA).

Sólo las subunidades GluR5 y GluR6 pueden someterse a edición postranscripcional de mRNA, cambiando un aminoácido en el poro del canal, lo que modifica las propiedades de permeabilidad (Sommer *et al.*, 1991). Para las subunidades GluR5 y GluR6, así como la subunidad GluR2 de los receptores de tipo AMPA, la secuencia genómica codifica un residuo de glutamina en el sitio de edición en el asa intramembranal que es convertido por edición en una arginina (Sommer *et al.*, 1991). En los tres casos, los receptores maduros compuestos de subunidades no editadas muestran relaciones corriente-voltaje (*I-V*) rectificadoras entrantes debido al bloqueo de corriente saliente, por poliaminas intracelulares; mientras que los receptores que poseen subunidades editadas resisten el bloqueo por poliaminas y tienen relaciones *I-V* lineales (ver Huettner, 2003 para revisión).

La edición del sitio Q/R también determina la conductancia de canal único y la permeabilidad al Ca^{2+}. Los receptores que no han sido totalmente editados muestran una permeabilidad a calcio relativamente más alta (Egebjerg y Heinemann, 1993; Burnashev *et al.*, 1995, 1996) y una mayor conductancia (Howe, 1996; Swanson *et al.*, 1996) comparados con receptores que incluyen una o más subunidades editadas. Además del sitio Q/R, la subunidad GluR6 también presenta dos sitios adicionales de edición de mRNA en el primer dominio transmembranal (Köhler *et al.*, 1993).

Distribución de las subunidades de los receptores de kainato.

La distribución de los receptores de tipo KA ha sido posible empleando técnicas como la hibridación *in situ*, que ha permitido identificar células que expresan mRNAs de estos receptores (Wisden y Seeburg, 1993; Bahn *et al.*, 1994; Tölle *et al.*, 1993; Paternain *et al.*, 2000; Bureau *et al.*, 1999). Además varios autores han empleado la técnica de RT-PCR para determinar la expresión de subunidades en neuronas individuales o en pequeñas poblaciones de células aisladas de regiones específicas (ver Huettner, 2003 para revisión), así como mediante el empleo de anticuerpos policlonales específicos contra las diferentes subunidades de los KARs (Darstein, *et al.*, 2003).

Empleando la técnica de hibridación *in situ*, se ha observado que las células que muestran una expresión predominante de las subunidades de los receptores de tipo KA GluR5, GluR6, GluR7 y KA2 están distribuidas a lo largo del SNC, incluyendo corteza, estriado, hipocampo y cerebelo. Hay una notable expresión de la subunidad KA1 principalmente en la región CA3 del hipocampo y en las neuronas granulares del giro dentado, mientras que el mensajero para la subunidad KA2 parece ser más abundante y más extendido que el de la subunidad KA1 o que los de las otras subunidades (ver Huettner, 2003 para revisión).

Los patrones de expresión de las distintas subunidades son bastante heterogéneos (Wisden y Seebur, 1993; Bahn *et al.*, 1994); se ha observado que el tránscrito de GluR5 se encuentra presente sobre todo en neuronas del DRG, el *subiculum*, el núcleo septal, la corteza piriforme y la corteza del cíngulo, así como en las células de Purkinje del cerebelo (Bettler *et al.*, 1990); la subunidad GluR6 es abundante en las células granulares del cerebelo, en el giro dentado y en la región CA3 del hipocampo, al igual que en el estriado.

La subunidad GluR7 está presente a bajos niveles en el cerebro pero se expresa en particular en las capas profundas de la corteza cerebral, el estriado y en las neuronas inhibidoras de la capa molecular del cerebelo.

La subunidad KA1 está restringida casi exclusivamente a la región CA3 del hipocampo, aunque también se expresa poco en el giro dentado, en la amígdala y en la corteza entorrinal (Werner *et al.*, 1991). Por el contrario, el mensajero de la subunidad KA2 se encuentra prácticamente en todos los núcleos del sistema nervioso (Rodríguez-Moreno, 2000; tesis doctoral).

Diversidad estructural.

Los receptores de kainato tienen la misma topología transmembranal y la misma estequiometría que los receptores de tipo AMPA y de tipo NMDA (Madden, 2002); son tetrámeros en los que cada monómero posee un sitio de unión al ligando y contribuye con una secuencia de aminoácidos específica a la formación de la luz del canal, el cual está compuesto por residuos hidrofóbicos que penetran en la membrana y forman una estructura en forma de horquilla. Además de esa secuencia hidrofóbica (M2), cada una de las subunidades tiene tres segmentos transmembranales (M1, M3 y M4) organizados de modo que el dominio amino-terminal (N-terminal) de cada proteína es extracelular y el extremo C-terminal queda ubicado intracelularmente (Hollman *et al.*, 1994; Roche *et al.*, 1994; Taverna *et al.*, 1994; Bennet y Dingledine, 1995).

Como en el caso de los receptores de tipo AMPA, en los receptores de tipo KA el sitio de unión para glutamato parece consistir de residuos distribuidos entre el dominio N-terminal distal (llamado S1) y el lazo que existe entre los segmentos M3 y M4 llamado S2 (Stern-Bach *et al.*, 1994). Residuos específicos en S2 forman receptores con alta y baja sensibilidad para diferentes agonistas (AMPA y KA), (Swanson *et al.*, 1997; Fleck *et al.*, 2003). Sin embargo, la estructura real del sitio de unión a KA debe presentar diferencias significativas entre los distintos receptores de glutamato, que podrían ayudar a explicar, entre otras cosas, por qué los receptores de tipo AMPA pueden unir KA con alta afinidad mientras que algunos receptores de tipo KA no son capaces de unir AMPA.

Hasta ahora se han clonado cinco subunidades de los receptores de tipo KA y parece ser que no hay más miembros de esta familia, además se ha observado que no todas las combinaciones de subunidades resultan en receptores funcionales.

Los canales homoméricos GluR6 no son sensibles a AMPA ni a su derivado el ácido 5-tertbutil-4-isoxasolpropiónico (ATPA, Paternain *et al.*, 2000), y los homómeros de GluR7 tienen baja afinidad para glutamato y una completa insensibilidad a AMPA y domoato (Schiffer *et al.*, 1997). Las subunidades GluR5-7 también pueden combinarse entre ellas para formar receptores funcionales (Paternain *et al.*, 2000; Cui y Mayer, 1999) y cada una de estas tres subunidades puede también formar ensambles heteroméricos cuando se co-expresan con las subunidades KA1 y KA2.

La subunidad GluR5 fue inicialmente descrita en dos formas moleculares que difieren en la presencia (GluR5-1) o ausencia (GluR5-2) de un fragmento de 15 aminoácidos en el extremo N-terminal (Bettler *et al.*,

1990). Análisis adicionales revelaron la existencia de dos formas moleculares adicionales para GluR5-2 (Sommer *et al.*, 1992), que difieren en regiones del extremo C-terminal, por lo que la subunidad GluR5-2 puede presentar tres regiones o dominios C-terminal diferentes. Estas isoformas se denominaron GluR5-2a (la más corta), GluR5-2b y GluR5-2c (la más larga). Se ha conoce que la subunidad GluR5 forma receptores que pueden ser activados no solo por glutamato, sino también por KA, domoato y AMPA (Ben-Ari y Cossart, 2003; Lerma *et al.*, 2001).

La existencia de ayuste o procesamiento alternativo no se ha descrito para las subunidades KA1 y KA2. Por otra parte, se ha descrito que la subunidad GluR7 tiene dos variantes generadas por ayuste alternativo del extremo C-terminal, denominadas GluR7a y GluR7b (Schiffer *et al.*, 1997).

Aunque se ha demostrado que las variantes por ayuste alternativo de otros receptores de glutamato son fundamentales para la función de los receptores, las implicaciones funcionales de estas variaciones de los receptores de KA todavía están por determinarse, por lo tanto, es posible que haya una mayor diversidad de receptores de kainato en el cerebro que los que se han estimado (ver Lerma, 2003, para revisión).

Existen algunas subunidades clonadas de pollo y peces que no forman canales funcionales ni receptores heteroméricos con otras subunidades cuando se expresan en sistemas recombinantes. Estas subunidades han sido designadas proteínas que unen KA (KBP, *kainate-binding proteins;* ver Henley, 1994 para revisión).

Como se ha mencionado anteriormente, el mRNA de las subunidades GluR5 y GluR6 puede sufrir edición postranscripcional en el sitio Q/R del segmento M2 (Seeburg, 1996; Sommer *et al.*, 1991), localizado en la posición 590 para GluR6 y 591 para GluR5. Como en el caso de las subunidades de los receptores de tipo AMPA, la sustitución glutamina/arginina en los homómeros GluR5 y GluR6 reduce la permeabilidad al Ca^{2+} y transforma las propiedades de rectificación de estos receptores de rectificación entrante a lineal o ligeramente saliente (Sommer *et al.*, 1991) y reduce la conductancia unitaria del canal (Swanson *et al.*, 1996).

La subunidad GluR6 puede sufrir también edición en dos sitios adicionales localizados en el primer dominio transmembranal, donde una isoleucina puede ser sustituida por una valina (sitio I/V) y una tirosina puede ser sustituida por una cisteína (sitio Y/C; Fig. 1.4). La edición del mRNA en estas posiciones tiene consecuencias funcionales en los canales GluR6 homoméricos. Se ha visto que cuando los sitios I/V y Y/C del primer dominio transmembranal están editados la permeabilidad a calcio de los canales con subunidad GluR6 es modulada por el sitio Q/R, (Khöler *et al.*, 1993). El alcance de la edición es regulado durante el desarrollo. A diferencia de la subunidad GluR2 de los receptores AMPA, una proporción significativa de subunidades de receptores de KA no editadas están presentes tanto en el cerebro embrionario como en el adulto (Paschen *et al.*, 1997; Bernard y Khrestchatisky, 1994). Igualmente, se ha observado la edición parcial de las subunidades GluR5 en el sitio Q/R también en neuronas individuales de hipocampo de rata adulta (Mackler y Eberwine, 1993). Aproximadamente el 60% de los mRNAs de GluR5 se encuentran editados en tejido adulto, mientras que para GluR6 la proporción encontrada es del 80%.

Como se ha mencionado, la subunidad GluR6 tiene la particularidad de tener dos sitios adicionales que son susceptibles de edición en el dominio M1, sin embargo se conoce más de la edición del mRNA del dominio M2 en los receptores con la subunidad GluR6 (ver Lerma, 2003 para revisión).

CAPÍTULO 3

Propiedades funcionales de los KAR

Propiedades biofísicas de los receptores a nivel de canal único.

Las propiedades cinéticas de los receptores de tipo kainato se han estudiado principalmente en sistemas de expresión heterólogos y se ha encontrado que la conductancia de canal único de los receptores homoméricos, con las subunidades GluR5(Q) o GluR6(Q) es del rango de picosiemens (pS), con valores de 2.9 y 5.4, respectivamente (Swanson *et al.*, 1996).

La edición del sitio Q/R reduce la conductancia de canal único de los receptores con la subunidad GluR5 y en aquellos con subunidad GluR6 en más de un orden de magnitud, un efecto que se revierte parcialmente por coexpresión de la subunidad KA2 (Howe, 1996; Swanson *et al.*, 1996). De este modo, la conductancia de canales homoméricos con subunidad GluR5 (R) es menor de 200 fentosiemens (fS), pero se incrementa hasta 950 fS co-ensamblado con la subunidad KA2. De manera semejante, homómeros de GluR6 (R) tienen una conductancia de canal único entre 230 y 260 fS, mientras que el valor de la conductancia para heterómeros con subunidades GluR6(R)/KA2 oscila entre 570 y 700 fS. El efecto de la subunidad KA2 sobre la conductancia de los receptores homoméricos GluR5(Q) o GluR6(Q) es más sutil: un incremento a 4.5 y 7.1 pS, respectivamente, el cual es acompañado, en el caso de la subunidad GluR5(Q), por un decremento en la longitud de la ráfaga (Swanson *et al.*, 1996).

Un hecho que ejemplifica lo poco que se comprende de las interacciones entre las subunidades que componen a los receptores de tipo kainato es el siguiente: las subunidades KA2 son las moléculas con más alta afinidad para kainato, pero cuando se ensamblan con subunidades GluR5 o GluR6, los receptores heteroméricos resultantes muestras una afinidad reducida para el ligando (Howe, 1996; Swanson *et al.*, 1996).

Algunos estudios han tratado de determinar la conductancia de canal único de receptores de kainato expresados en neuronas. En células de los DRG, por ejemplo, fue determinado un valor de 2-4 pS (Huettner, 1990) y además se observaron tres niveles de subconductancias de receptores con subunidades GluR5(Q)/KA2 similares a aquellas encontradas para receptores con subunidades GluR5(Q). Estos resultados están de acuerdo con el hecho de que neuronas de DRG expresan abundantemente la subunidad GluR5. Además, se ha determinado que la conductancia de los receptores de tipo kainato expresada en neuronas granulares del cerebelo es de ~1 pS, bajo condiciones que reducen su desensibilización (Pemberton *et al.*, 1998) y de ~4 pS en células inmaduras en proliferación (Smith *et al.*, 1999).

Propiedades de desensibilización.

Una de las principales características de los receptores de tipo kainato es que se activan y se inactivan con rapidez. El curso temporal de la corriente, en presencia constante del agonista, decae siguiendo una curva exponencial única (Lerma *et al.*, 1993; Paternain *et al.*, 1998), aunque para este proceso también se han descrito exponenciales dobles (Lerma *et al.*, 1993; Wilding y Huettner, 1997). Sin embargo, además del hecho de que la velocidad de desensibilización es dependiente del subtipo de receptor y del tipo de célula que está siendo analizada, su valor actual ha sido difícil determinar por diferentes razones (Lerma, 1999). Por un lado, si la constante de tiempo de desensibilización es obtenida sólo de la medición del decaimiento de la corriente ante la perfusión del agonista, entonces un proceso de unión lento podría constituir una fuente de error. Por otra parte, la velocidad de relajación de la corriente ante la aplicación del ligando se acerca al nivel de resolución de los sistemas de perfusión, surgiendo la posibilidad de que cambios de soluciones podrían modificar la tasa de desensibilización medida. Una forma de evitar este problema ha sido medir la constante de tiempo de relajación de la corriente a muy altas concentraciones del agonista. Bajo estas condiciones, la tasa de unión ya no es un factor limitante, y como se incrementa la concentración del ligando, la tasa de caída de la corriente se aproxima a un valor asintótico, que es el valor real de la constante de tiempo de desensibilización (ver Lerma *et al.*, 2001, para revisión).

Con el uso de la estrategia anterior se ha determinado que la constante de tiempo de desensibilización de los homómeros GluR6 y de los KAR nativos de hipocampo es de 11-13 ms (Paternain *et al.*, 1998), un valor similar a aquel encontrado para canales recombinantes en parches de membrana escindidos. (Heckmann *et al.*, 1996; Traynelis y Wahl, 1997). No se ha determinado si las pequeñas diferencias entre las dos mediciones se deben a la escisión del parche de membrana sobre las propiedades del canal, como se ha descrito que ocurre con los receptores de tipo NMDA (Sather *et al.*, 1990).

Para los receptores de kainato la recuperación del estado desensibilizado ocurre lentamente y es dependiente de la naturaleza del agonista. Cuando se aplica glutamato, dos pulsos provocan respuestas de tamaño similar si el intervalo es de 15 segundos; en contraste, tiene que transcurrir 1 minuto cuando el estímulo desensibilizante es un pulso de KA (Paternain *et al.*, 1998). Otro factor capaz de alterar la recuperación de la desensibilización es la composición de las subunidades de los receptores (Swanson *et al.*, 1998). Los receptores homoméricos GluR5 se recuperan en minutos, mientras que la constante de tiempo de recuperación para heterómeros con subunidades GluR5/KA2 es de 12 s.

Como se mencionó antes, en algunos casos la incorporación de subunidades KA2 al KAR reduce la afinidad para el ligando, de modo que es posible que la rápida recuperación sea debida a una tasa más rápida de disociación del agonista. Sin embargo, es poco probable que la salida del estado desensibilizado sea una simple función de separación del ligando, porque el ácido domóico, un agonista que desensibiliza a los receptores solo parcialmente, se disocia del sitio de unión con una contante de tiempo más rápido que el tiempo de recuperación del canal (Lerma *et al.*, 1993; Swanson *et al.*, 1997). En cualquier caso, las marcadas diferencias en la escala de tiempo entre la desensibilización y la recuperación implican que el equilibrio entre los dos estados es fuertemente desplazado hacia el primero, es decir, que los receptores pasan la mayor parte de su tiempo en el estado desensibilizado.

Propiedades cinéticas de activación.

En neuronas de hipocampo cultivadas, el ácido glutámico tiene una EC_{50} de 330 μM; 3 μM de este agonista no induce una respuesta significativa y 3 mM es una concentración saturante. Por el contrario, la desensibilización ocurre a concentraciones del ligando dos órdenes de magnitud menores, las cuales no producen la activación del canal (EC_{50}=2.8 μM). Una situación similar se ha observado en homómeros de GluR6 recombinantes, o cuando kainato es usado como agonista. En este caso, la EC_{50} para activación es de 22 μM, mientras que para inactivación es de 0.31 μM (Paternain *et al.*, 1998).

Las curvas de activación y de inactivación de los KAR se solapan en gran parte. Este hecho indica que existen concentraciones de agonistas (alrededor de 100 μM, en el caso de glutamato) suficientemente altas para abrir el canal y al mismo tiempo, suficientemente bajas para producir sólo una desensibilización incompleta. La corriente producida por estas concentraciones de agonistas ha sido llamada "corriente ventana" por analogía con la predicha por Hodgkin y Huxley durante su estudio de las curvas de activación-inactivación de canales de sodio abiertos por voltaje. Aunque esta corriente no ha sido medida directamente, algunos efectos fisiológicos de la activación de los receptores de kainato aportan apoyo indirecto a su existencia (Rodríguez-Moreno, 1997; ver Lerma *et al*, 2001 para revisión).

Propiedades farmacológicas.

Los receptores de KA son activados y desensibilizados por kainato (EC_{50}= 6-23 μM), y son activados y parcialmente desensibilizados por domoato (EC_{50} ~1 μM y de ~30 μM para receptores nativos y recombinantes, respectivamente). El ácido 5-tert-butil-4-isoxazolpropiónico (ATPA) y (S)-5-iodowillardiina muestran cierto grado de selectividad para los receptores que poseen la subunidad GluR5 (EC_{50} ~1 μM y de 0.14 μM en células del DRG, sobre las subunidades de los receptores de tipo AMPA, (EC_{50} ~ 350 μM), aunque ATPA puede activar receptores heteroméricos con subunidades GluR6/KA2 con menor afinidad (EC_{50} ~20 μM; Paternain *et al.*, 2000).

Los KARs son activados y potentemente desensibilizados por diastereómeros de 4-metilglutamato. En particular, 2S-4R-metil-glutamato (SYM281) desensibiliza totalmente los KARs con un valor medio máximo cercano a 10 nM, 100 veces menor que el EC_{50} para la activación de GluR6 recombinante (Jones *et al.*, 1997), y ha sido empleado como un antagonista funcional de los KARs. En efecto, revisando la literatura se muestra que hay una mayor disponibilidad de agentes farmacológicos que son selectivos para receptores de tipo AMPA que para los KAR. Los receptores de tipo AMPA y los de KA han sido difíciles de distinguir uno del otro. 6-Ciano-7-nitroquinoxalina (CNQX), antagonista prototípico de los receptores de tipo no-NMDA, puede ser usado para antagonizar los KAR una vez que los receptores AMPA han sido bloqueados por el más selectivo GYKI 53665 o su isómero activo LY303070, el cual tiene una IC_{50} para los receptores de tipo AMPA de alrededor de 1 μM (Wilding, 1995; Paternain, 1995). Se ha mostrado también que NBQX (2,3-dihidroxi-6-nitro-7-sulphamoil-benzo (F) es selectivo para los receptores de tipo AMPA sobre los receptores de KA en el hipocampo a bajas concentraciones (1 μM; Mulle *et al.*, 2000).

Se han sintetizado pocos antagonistas selectivos para los receptores de tipo kainato, por ejemplo, NS-102 muestra una selectividad 10-20 veces para KARs con subunidad GluR6 sobre los receptores de tipo AMPA (Verdoom *et al.*, 1994); sin embargo, como este componente es sólo parcialmente soluble en agua, su uso en experimentos fisiológicos es limitado. LY382884 es un compuesto con una selectividad para KARs con la subunidad GluR5 (K_i ~ 7 µM para homómeros con subunidades GluR5 y de ~ 3.6 µM para heterómeros con subunidades GluR5/GluR6) y es en gran parte inactivo sobre las subunidades de los receptores de tipo AMPA (K_i > 100 µM). LY293558 también muestra antagonismo selectivo de KARs con la subunidad GluR5 (Ki ~ 5 µM) sobre GluR6 (K_i > 100 µM; Bortolotto *et al.*, 1999; Simmons *et al.*, 1998), pero es mucho menos efectivo sobre receptores AMPA (K_i = 3–50 µM). Otro antagonista que también muestra preferencia para receptores con la subunidad GluR5 es LY294486, el cual parece ser mucho más selectivo para receptores de KA nativos (IC_{50} = 4 µM) sobre los receptores AMPA nativos (IC_{50} > 100 µM; Clarke *et al.*, 1997), particularmente su enantiómero activo, LY377770 (IC_{50} = 0.69 µM; O'Neil *et al.*, 2000). Además, los KARs están sujetos a bloqueo por lantánidos (Huettner *et al.*, 1998). Desafortunadamente, GYKI 53655 y otros compuestos no están aún disponibles comercialmente (ver Lerma, 2003; Huettner 2003 para revisión).

CAPÍTULO 4

Papel fisiológico de los KAR

El receptor de kainato en la transmisión sináptica.

El ácido kaínico (KA) es una sustancia excitotóxica cuya administración a animales de experimentación provoca crisis epileptiformes y daño neuronal, semejante a lo observado en pacientes epilépticos. Cuando empezó a usarse KA como agente excitotóxico, algunos autores describieron acciones de este compuesto sobre la inhibición GABAérgica. Sloviter y Damiano en 1981, fueron los primeros en sugerir que kainato disminuía la inhibición GABAérgica en el hipocampo, un resultado que desde entonces ha sido conformado por diversos autores. Sin embargo la falta de conocimiento sobre los KAR y sus propiedades impidió alcanzar conclusiones sobre su participación en este efecto en esos momentos.

Como se ha mencionado en párrafos previos, la falta de herramientas farmacológicas había impedido la detección de los receptores de tipo kainato en neuronas del SNC, así como la determinación de su papel fisiológico. La disponibilidad de GYKI53655 como antagonista selectivo de los receptores de AMPA, ha hecho posible investigar la participación de los KAR en la transmisión sináptica. Estudios en rodajas de hipocampo han permitido identificar una serie de sinapsis donde los KAR median una fracción pequeña de la corriente sináptica. Se ha mostrado que pueden formar parte de corrientes excitadoras postsinápticas con características farmacológicas propias de los KAR en diferentes sinapsis del SNC (Castillo *et al.*, 1997; Vignes y Collingridge, 1997). Además de esta acción postsináptica, los KAR participan en el hipocampo en la modulación de la liberación de GABA y de glutamato, estos receptores están situados en los terminales presinápticos de las sinapsis tanto inhibidoras como excitadoras (ver Pihneiro y Mulle, 2006, para revisión; Rodríguez-Moreno y Sihra, 2004).

La activación de los KAR modula la transmisión inhibidora GABAérgica.

Basándose en el conocimiento de las propiedades epileptogénicas de KA se han realizado estudios orientados a determinar cuál es el papel de estos receptores en la modulación de la transmisión sináptica inhibidora en el hipocampo, sugiriendo que KA podría tener una acción depresora sobre la transmisión inhibidora al activar los KARs. En 1997 se describió por primera vez que la activación de los receptores de glutamato de tipo kainato produce una disminución de la liberación de GABA (Rodríguez-Moreno *et al.* 1997; Clarke *et al.*, 1997).

En experimentos en rodajas de hipocampo (Rodríguez-Moreno *et al*, 1997) se observó que la aplicación de KA (en condiciones de bloqueo del resto de receptores ionotrópicos de glutamato) producía una disminución de la amplitud media de las corrientes postsinápticas inhibidoras provocadas (eIPSCs), efecto que fue reversible tras el lavado de kainato. Este efecto se observó en corrientes inhibidoras obtenidas al estimular las interneuronas GABAérgicas del *stratum oriens* del área CA1 de hipocampo y registrar las corrientes en el soma de células piramidales de CA1. Se mostró que el efecto era inducido por activación de receptores de KA y que dichos receptores eran presinápticos (Rodríguez-Moreno *et al.* 1997).

En 1998, Rodríguez-Moreno y Lerma propusieron por primera vez que el efecto depresor de KA sobre la amplitud de las eIPSCs se debe a una acción metabotrópica de los KARs. Observaron que, en rodajas de hipocampo tratadas con toxina pertúsica (PTX), KA no alterara significativamente la amplitud de las eIPSCs. También observaron que el efecto se ve abolido en condiciones de inhibición de proteína quinasa C (PKC) y persiste en presencia de inhibidores de proteína quinasa A (PKA). Se propuso que los KAR activan una proteína G acoplada a la fosfolipasa C (PLC). La activación de la PLC induciría la producción de diacilglicerol, el cual activa a la PKC, esta quinasa fosforilaría algún sustrato (no determinado aún) y su acción resultaría en una disminución de la liberación de GABA.

Poco después se describió un acoplamiento de los receptores de kainato a una proteína G en membranas de hipocampo y además, que la depresión de la liberación de GABA observada en sinaptosomas era sensible a la toxina pertúsica y a la inhibición de PKC (Cunha *et al.*, 1999); lo anterior añadió más apoyo al mecanismo de acción metabotrópico de los receptores de tipo kainato y a su localización presináptica. Así, los receptores de kainato producen una inhibición de la liberación de GABA mediada por la activación de una proteína G y la posterior activación de la PLC, producción de diacilglicerol (DAG), activación de la PKC, fosforilación de algún sustrato (no determinado aún) y el efecto neto es menor liberación de GABA.

También se ha propuesto que en las interneuronas del *stratum oriens* del hipocampo existen dos poblaciones de KAR que modulan la liberación de GABA a través de diferentes mecanismos de señalización y con diferente sensibilidad a diversos agonistas. Una población está constituida por receptores que son canales, se localizan en el compartimento somatodendrítico y son responsables de la despolarización de las interneuronas, y la otra está constituida por receptores acoplados a proteínas G, localizados en el terminal presináptico y responsables de la inhibición de la liberación de GABA (Rodríguez-Moreno y Lerma, 2000).

Los KAR modulan la transmisión excitadora glutamatérgica.

Como se ha mencionado anteriormente, los KARs son una familia de receptores de glutamato que pueden mediar postsinápticamente la transmisión sináptica excitadora en algunas sinapsis y en otras modulan presinápticamente la liberación del neurotransmisor; al respecto, se ha descrito que en el hipocampo los KAR están implicados en la modulación tanto de la liberación de GABA como de glutamato (Rodríguez-Moreno y Lerma, 1998; Rodríguez-Moreno y Sihra, 2004).

La activación de los KARs tiene un efecto bifásico sobre la liberación de glutamato en el hipocampo, de modo que bajas concentraciones de KA (20–50 nM) producen un incremento en la liberación de glutamato en la sinapsis MF-CA3 (Contractor *et al.* 2001; Lauri *et al.* 2001a, b; Rodríguez-Moreno y Sihra 2004; Schmitz *et al.* 2001b), mientras que más altas concentraciones (> 50 nM) producen un decremento de las corrientes postsinápticas excitadoras provocadas (eEPSCs) en CA1 (Chittajallu *et al.* 1996; Frerking *et al.* 2001; Kamiya y Ozawa 1998; Vignes *et al.* 1998) y en la sinapsis MF-CA3 del hipocampo (Contractor *et al.* 2000; Kamiya y Ozawa 2000; Schmitz *et al.* 2000b).

Tomando en consideración estas diferencias en la literatura, algunos trabajos resumen que la activación de los KAR tiene un efecto bifásico, en el cual bajas concentraciones de KA (20-100 nM) producen una facilitación de la liberación de glutamato, mientras que concentraciones más altas (>100 nM) producen un decremento en las eEPSCs (ver Kullmann, 2001; Lerma, 2003; Huettner, 2003 para revisión).

Como se ha mencionado, algunos autores han descrito que concentraciones de 20-50 nM de kainato producen de forma reversible un aumento de la liberación de glutamato en la sinapsis MF-CA3, y que este aumento es responsable de la marcada facilitación por pares de pulsos que muestran estas sinapsis. Sin embargo no estaba claro lo referente a la localización pre o postsináptica de los receptores responsables de esta acción de kainato.

Rodríguez-Moreno y Sihra (2004) realizaron experimentos en sinaptosomas (preparaciones en las cuales la presencia de membranas postsinápticas es mínima o inexistente) del hipocampo y observaron que, en condiciones de bloqueo de los receptores de AMPA, kainato produce un aumento de la liberación de glutamato. Igualmente realizaron el estudio en rodajas de hipocampo y observaron además del aumento de la amplitud de las eEPSCs mediado por la activación de KARs, que el análisis del cambio en el coeficiente de variación (una medida de la varianza de las respuestas provocadas) con respecto al cambio de la media de las mismas respuestas tras la adición de kainato era congruente con un mecanismo de acción presináptico.

Adicionalmente, se ha hipotetizado que las acciones ionotrópicas y metabotrópicas de los KARs podrían estar mediadas por el mismo complejo receptor, sin embargo la topología membranal de KAR resulta incongruente con las estructura de los receptores acoplados a proteínas G. En neuronas del DRG cultivadas, las cuales expresan una población más homogénea de KARs donde predomina la subunidad GluR5, se encontró que KA era capaz de producir un incremento en las concentraciones de Ca^{2+} intracelular, el cual es dependiente de proteína G, a la vez que inhibía la activación de canales de Ca^{2+} dependientes de voltaje, un proceso sensible a inhibidores de proteínas G y de PKC. Al parecer este efecto metabotrópico de KA no requirió la activación del canal receptor; sin embargo, no se observó dicho efecto en neuronas obtenidas de ratones deficientes de la subunidad GluR5 que forma al canal iónico. Se sugirió la existencia de receptores de tipo kainato metabotrópicos que inhiben canales de Ca^{2+} (Rozas *et al.*, 2003).

Finalmente, al momento de iniciar este estudio, se acumulaba evidencia acerca del papel metabotrópico de los KAR. Aunque por un lado ya se ha descrito que en la sinapsis MF-CA3 los KAR ubicados en los terminales sinápticos facilitan la liberación de glutamato, a través de un mecanismo dependiente de la activación de una vía AC/cAMP/PKA, no se ha esclarecido aún el mecanismo exacto por el cual los KARs producen el efecto opuesto: la inhibición de la liberación de glutamato. Por tal motivo, en los presentes estudios se diseñaron, en primer lugar, una serie de experimentos encaminados a determinar cómo la activación de los receptores de tipo KA induce una depresión duradera de la liberación de glutamato de los terminales de las fibras musgosas (MF) que hacen sinapsis con las neuronas piramidales de la región CA3 en el hipocampo.

El KAR participa en procesos de potenciación de larga duración (LTP).

El efecto bifásico de KA, de deprimir y facilitar las corrientes excitadoras, por activación de los KAR, podría tener una relación con los fenómenos de plasticidad de larga duración (LTP, *long-term potentiation* y *long- term depression*, LTD), considerados el sustrato celular y molecular de procesos de aprendizaje y de memoria y de otras formas de plasticidad.

Con respecto a los efectos potenciadores, los KAR han sido implicados en la fuerte facilitación observada en la sinapsis fibra musgosa-CA3 donde los axones presinápticos son estimulados a frecuencias intermedias (Schmitz *et al.,* 2001). Se ha observado que la deleción de la subunidad GluR6, presente en algunos KARs, reduce la facilitación dependiente de la frecuencia (Contractor *et al.,* 2000). Evidencias adicionales para un papel facilitador presináptico de los KARs proviene de estudios que implican a estos receptores en una forma de LTP definida como independiente de receptores NMDA postsinápticos (Nicol y Malenka, 1995; Bortolotto *et al.,* 1999; Contractor *et al.,* 2001, Lauri *et al.,* 2001 b; Schmitz *et al.,* 2001).

La participación de los KAR en los procesos de LTP se ha puesto de manifiesto en diversos trabajos, en especial en hipocampo, en la sinapsis fibra musgosa-CA3, debido a la gran densidad de KAR en esta área (ver Nicoll y Schmitz, 2005 para revisión).

Otras acciones de los receptores de kainato.

Se ha observado una participación de los KARs postsinápticos en la neurotransmisión tálamo-cortical (Kidd y Isaac, 1999, 2001), registrando neuronas en corteza somatosensorial de ratas neonatas se ha descrito que los KARs están presentes en esta sinapsis, y que los receptores de tipo kainato así como los de tipo AMPA pueden estar distribuidos en distintos contactos sinápticos, y además que los receptores de tipo AMPA reemplazan progresivamente a los receptores de kainato durante el curso del desarrollo.

Además de los KARs postsinápticos, algunas sinapsis talamocorticales pueden presentar KARs presinápticos que modulan la liberación del neurotransmisor (Kidd *et al.*, 2002). Estos autores estudiaron las aferencias a la corteza sensorial en rodajas de ratas neonatas (3-5 días de edad) proponiendo dos componentes para la depresión de la liberación de glutamato en esta sinapsis, a saber: un componente rápido de la caída de la corriente, mediado por los KARs y un componente más lento que no involucra a los KARs. La modulación mediada por KARs no se observó en rodajas de animales de mayor edad (7 y 8 días de edad), por lo que sugirieron un cambio en el procesamiento sensorial en función del desarrollo, que involucra un cambio en la expresión de las propiedades de KAR.

Se ha sugerido la presencia de KARs presinápticos en sinapsis formadas por interneuronas con células piramidales de la capa 5 en corteza motora de la rata al día postnatal 17-22. Los cambios en el número de fallos y del coeficiente de variación producidos por la activación de los KARs fueron consistentes con un cambio en la liberación a nivel presináptico (Ali *et al.*, 2001).

Poco es lo que se conoce acerca del papel en la transmisión sináptica de los KARs en procencéfalo, algunos autores (Wu *et al.*, 2005) han realizado registros de eEPSCs en procencéfalo de ratones adultos mutantes mostrando que los KARs postsinápticos contribuyen a la neurotransmisión sináptica rápida en neuronas piramidales de la corteza cingulada anterior, una región del procencéfalo crítica para las funciones cerebrales superiores, tales como la memoria y el pensamiento. En ese estudio, la aplicación de estimulación de alta frecuencia facilitó las eEPSCs mediadas por KA. La deleción genética de las subunidades GluR5 o GluR6 redujo de manera significativa las corrientes mediadas por los receptores de tipo KA, y en el ratón nulo de las subunidades GluR5 y GluR6 las abolió completamente.

Por otra parte, varios autores han proporcionado información sobre la neurotransmisión sináptica mediada por los KARs en la amígdala basolateral. Estos autores realizaron registros intracelulares de eEPSPs en rodajas, provocados por estimulación ya sea en la cápsula externa o en la amígdala basal. La aplicación de antagonistas de los receptores de tipo AMPA bloqueó completamente las respuestas ante la estimulación en la amígdala basal y sólo causó un bloqueo parcial de los eEPSPs provocados por estimulación en la cápsula externa. Los eEPSPs residuales mostraron sumación espacial durante breves trenes de 50 Hz y se bloquearon casi completamente por antagonistas de los receptores de tipo AMPA y tipo KA, así como por antagonistas de receptores con la subunidad GluR5 (Li y Rogawski, 1998; Li *et al.*, 2001).

A diferencia de los estudios de LTP en el hipocampo, el cual normalmente presenta potenciación con trenes de estímulos de alta frecuencia breves, se ha observado un incremento progresivo de la transmisión durante estimulación de baja frecuencia (1 Hz durante 15 min). Esta potenciación fue bloqueada por antagonistas selectivos para la subunidad GluR5 de los receptores de tipo KA pero no por antagonistas de los receptores de tipo NMDA, de tipo AMPA o de los mGluRs del grupo I. La potenciación fue emulada por aplicación durante 10 minutos de un agonista selectivo de KARs con subunidad GluR5 (ATPA) y fue bloqueada por bajo calcio y por el quelante BAPTA-AM. Además, se potenciaron las corrientes mediadas por los receptores de tipo NMDA y tipo AMPA, sugiriendo un cambio presináptico en la liberación de glutamato (Li *et al.*, 2001).

Se han registrado corrientes postsinápticas inhibidoras provocadas (eIPSCs) de células piramidales en la amígdala basolateral, observando una reducción en la tasa de fallos ante la exposición a bajas dosis de ATPA o de glutamato, y un incremento en los fallos con dosis más altas de los agonistas. Una modulación bidireccional similar se observó también para corrientes postsinápticas inhibidoras mini (mIPSCs) registradas en presencia de tetrodotoxina (TTX), se sugirió que glutamato endógeno puede proveer activación tónica de los receptores de KA (Braga *et al.*, 2003).

CAPÍTULO 5

Técnicas electrofisiológicas y estrategias farmacológicas en el estudio de los KAR

a. Obtención de tejido

Extracción del cerebro.

Los estudios fueron llevados a cabo en ratones adultos, de tres meses de edad, de la cepa C57/Bl/6 (Fig. 1 A). Los experimentos se realizaron de acuerdo a la directiva de la Unión Europea (609/86/EU) para el uso de animales de laboratorio en experimentos agudos y aprobados por el Comité de Ética de la Universidad Pablo de Olavide. La extracción del cerebro se realizó como se ha descrito previamente (Rodríguez-Moreno *et al.*, 1998, 2000), brevemente: los animales son sacrificados por dislocación cervical y decapitados; se extrae el cerebro (Fig. 1 B) y se coloca en una solución Ringer (*R*) fría (0-4 °C) cuya composición es similar a la del líquido cerebroespinal y que se muestra en la tabla 1, esta solución fue burbujeada continuamente con una mezcla de carbógeno (95% O_2 y 5% CO_2).

Preparación de rodajas.

Una vez que ha sido extraído el cerebro se obtiene un bloque conteniendo al hipocampo (Fig. 1 B) y se fija en la plataforma de un vibratomo (MA752 VIBROSLICE TISSUE CUTTER, de Campden Instruments Limited), manteniendo el tejido sumergido en solución R fría (Fig. 2 A). Se cortan rodajas transversales de hipocampo de 350 μm de grosor y se colocan para su recuperación en una cámara de incubación en solución R a temperatura ambiente (Fig. 2 B), burbujeada constantemente con carbógeno, aquí permanecen al menos 1 hora antes de su uso.

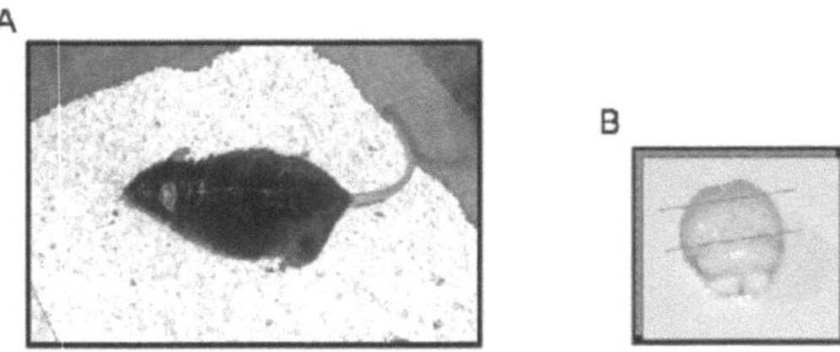

Fig. 5. A. Se utilizaron ratones C57/Bl/6. **B** Se obtiene un bloque de cerebro que contenga al hipocampo, el tejido se conserva constantemente en solución R fría.

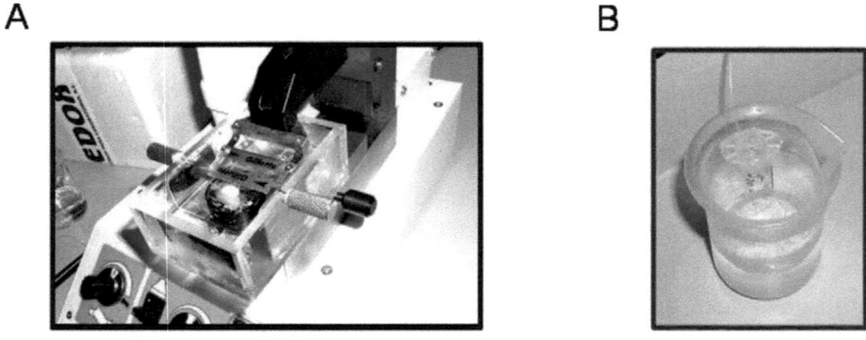

Fig. 6. A Las rodajas se cortan con un vibratomo, conservando el bloque de tejido sumergido en solución R fría. **B** En seguida se incuban en solución R, a temperatura ambiente y burbujeando constantemente con una mezcla de carbógeno, durante al menos 1 h antes de ser utilizadas.

b. Soluciones

Solución extracelular y solución de registro.

En la realización de los registros electrofisiológicos se utilizaron dos tipos de soluciones, una en el electrodo de estimulación, que fue la misma solución ringer (*R*) (Tabla 1) empleada para la obtención de rodajas, también denominada solución extracelular y otra en el electrodo de registro o solución interna, cuya composición se indica en la tabla 2.

Solución *R*	
Compuesto	Concentración (mM)
NaCl	124
KCl	2.69
KH_2PO_4	1.25
$MgSO_4$	1.8
$NaHCO_3$	26.0
$C_6H_{12}O_6$	10
$CaCl_2$	1.8
pH = 7.3 y mOsm = 300	

Tabla 1. Composición de la solución extracelular, empleada en la obtención e incubación de las rodajas y también en el electrodo de estimulación.

Fijación de Voltaje		**Fijación de Corriente**	
Compuesto	Concentración (mM)	Compuesto	Concentración (mM)
CsCl	120	K-gluconato	120
NaCl	8	NaCl	8
$MgCl_2$	1	$MgCl_2$	1
$CaCl_2$	0.2	$CaCl_2$	0.2
HEPES	10	HEPES	10
EGTA	2	EGTA	2
QX-314	20	pH= 7.3 mOsm= 287	
pH= 7.3 mOsm= 287			

Tabla 2. Composición de la solución intracelular, empleada para los experimentos de *patch clamp*, ya sea en el modo de fijación de voltaje o de fijación de corriente.

Composición de las soluciones en algunos experimentos.

En ciertos experimentos con KA se empleó 4 mM de divalentes catiónicos (Mg^{2+} y Ca^{2+}) en la solución extracelular para reducir la excitabilidad global y minimizar la activación polisináptica. Con ambos tipos de soluciones *R* se obtuvieron datos muy similares, lo que sugiriere que la contribución relativa de la activación polisináptica fue mínima en las condiciones experimentales establecidas, de modo que los datos fueron reunidos en un solo grupo y por tanto se empleó la solución extracelular estándar (Tabla 1).

En otros casos, se previno la activación de los KARs situados en interneuronas aplicando concentraciones elevadas de divalentes catiónicos en la solución extracelular (8 mM de Ca^{2+} y 17 mM de Mg^{2+}), lo cual no afectó la probabilidad de liberación del neurotransmisor. En los experimentos con KA realizados en condiciones de fijación de corriente, el CsCl se sustituyó por gluconato de K^{+} (Tabla 2). También, en los experimentos de fijación de voltaje se agregó a la solución de registro 20 mM de QX-314 (bloqueador intracelular de canales de Na^{+}) para evitar el disparo de compartimentos celulares no fijados.

c. Registros electrofisiológicos

Se obtuvieron dos tipos de registros electrofisiológicos:

- registro de corrientes postsinápticas excitadoras provocadas (eEPSCs) y
- registros de potenciales postsinápticos excitadores de campo provocados (fEPSPs).

En ambos casos el diseño o montaje experimental fue muy similar y se describe a continuación, posteriormente se detallan las particularidades de cada una de estas formas de registro.

Diseño experimental.

Montaje en la cámara de registro.

Una vez en la cámara de registro (Fig. 3), la rodaja es continuamente perfundida con solución *R* a una tasa de perfusión de 2-3 ml/min. La región CA3 del hipocampo fue localizada tomando como referencia un atlas del cerebro de ratón (Paxinos & Watson, 2001). Para el registro de eEPSCs las neuronas fueron identificadas visualmente por su morfología celular piramidal característica, mediante microscopia infrarroja de contraste interdiferencial (IR-DIC), usando un objetivo de 40 X, de inmersión en agua y de larga distancia de trabajo. Para el registro de fEPSPs se empleó un objetivo de 5 X convencional (Fig. 3).

Registro de corrientes postsinápticas excitadoras provocadas.

Se empleó la técnica de *patch clamp* para el registro de corrientes postsinápticas excitadoras provocadas (eEPSCs) en configuración de célula completa, del soma de neuronas piramidales del área CA3 del hipocampo. Para provocar las eEPSCs se estimuló empleando un generador de pulsos (CS-20, Cibertec, S.A., Fig. 5) y una unidad de aislamiento (ISU 100), a través de un electrodo bipolar de vidrio borosilicato, lleno de solución *R* y colocado en la capa de células granulares del giro dentado o bien sobre sus axones ó fibras musgosas (*mossy fiber*, MF) en el *stratum lucidum* del hipocampo (Fig. 4). Los electrodos para *patch* se fabricaron igualmente de vidrio borosilicato, con una resistencia de 5-10 MΩ tras de ser llenados con la solución interna. Los registros se realizaron a temperatura ambiente (26-29 ºC).

Electrodo de estimulación

Objetivo 40x, de inmersión en agua

Electrodo de registro

Fig. 7. Cámara de registro, las células fueron visualizadas con el objetivo de 40 X, de inmersión en agua y de larga distancia de trabajo, para registros de eEPSCs. Para visualizar las regiones en registros de fEPSPs se empleó un objetivo de 5 X.

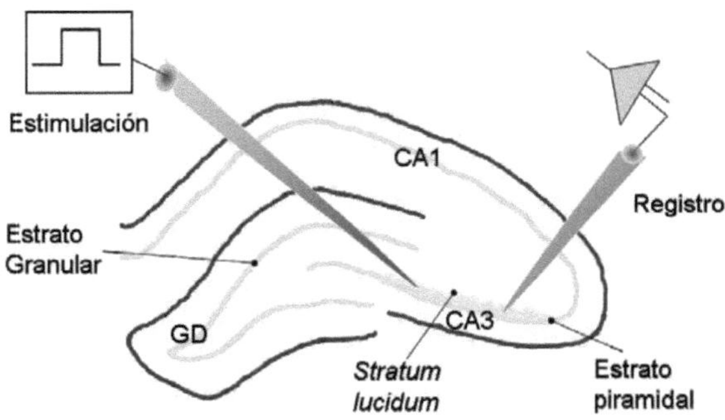

Fig. 8. El electrodo de estimulación se posicionó en el *stratum lucidum* del área CA3, sobre los axones de las neuronas granulares del giro dentado, o fibras musgosas (MF) y el registro se realizó en células piramidales de la misma región.

Tanto en los experimentos donde se estudió el mecanismo de acción de KA sobre la liberación de glutamato como en aquellos en los que se investigó su participación en la depresión de larga duración, se registraron principalmente corrientes postsinápticas excitadoras provocadas (eEPSCs) mediadas receptores de tipo NMDA (NMDAR) y por receptores de tipo AMPA (AMPAR). El potencial de membrana se fijó a -30 mV para liberar el bloqueo por Mg^{2+}.

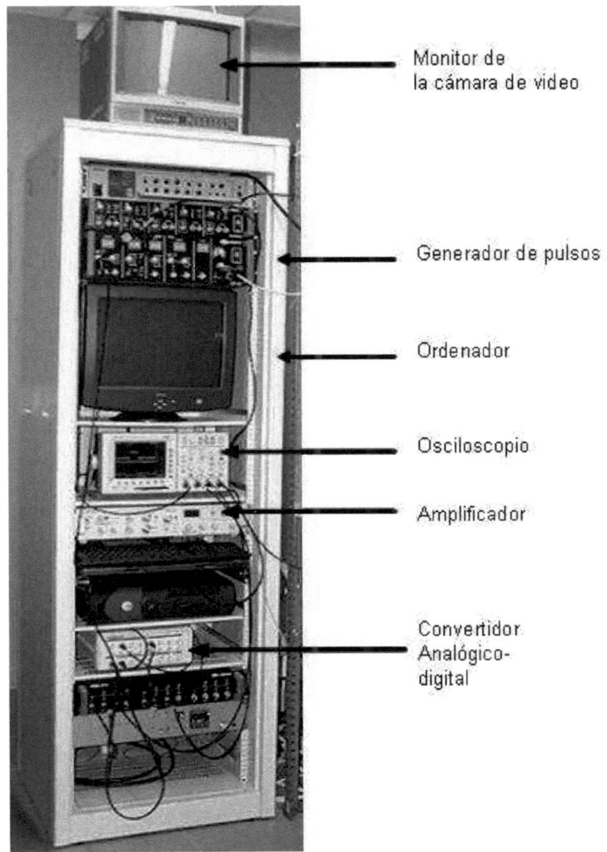

Fig. 9. Equipo para obtener registros electrofisiológicos en rodajas de cerebro, se muestran los componentes de estimulación, amplificación, visualización, captura y digitalización de las señales electrofisiológicas.

Para el registro se utilizó un amplificador Axopatch 200B (Axón Instruments, Fig. 5). La resistencia en serie fue monitorizada regularmente durante todo el registro y las células que tuvieron un cambio >15% durante el experimento fueron excluidas del análisis. Los datos fueron filtrados a 2 kHz, adquiridos a 10 kHz, digitalizados con un convertidor Digidata 1320 A/D y almacenados en un ordenador para su posterior análisis, para lo cual se empleó el paquete de programas pClamp 8.2 (Axon Instruments, Fig. 5).

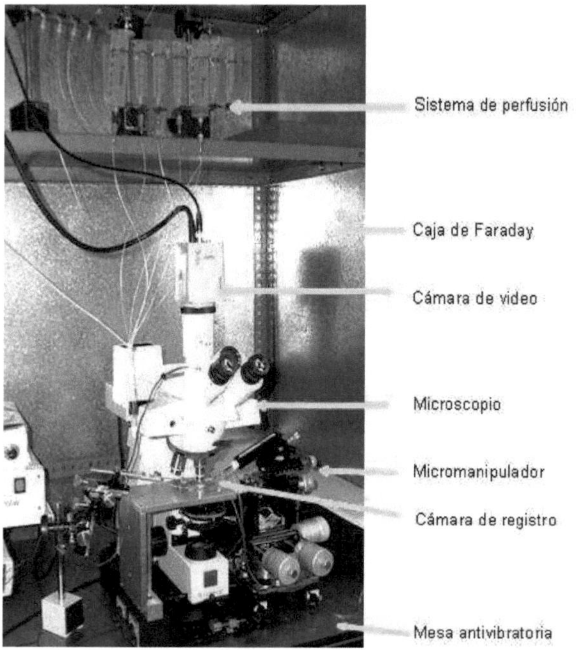

Fig. 10. Equipo óptico, mecánico, eléctrico y de perfusión para registro electrofisiológico en rodajas.

Registro de potenciales postsinápticos excitadores de campo provocados.

En los experimentos encaminados a investigar la participación de los receptores de tipo KA en la depresión de larga duración (LTD) se obtuvieron registros de potenciales postsinápticos provocados de campo (fEPSPs), debido a que estos registros son más estables y se pueden realizar durante varias horas sin interrupción, lo cual en un estudio de plasticidad sináptica a largo plazo es esencial y representa una ventaja frente a los registros con la técnica de patch clamp. Sin embargo, estos experimentos se complementaron con registros de eEPSCs mediadas por receptores de tipo NMDA, como se describe más adelante. Al igual que los registros de eEPSCs, los experimentos con fEPSPs también se llevaron a cabo a temperatura ambiente (26-29 °C).

Para provocar los fEPSPs se aplicaron pulsos eléctricos a través de un electrodo bipolar con las mismas características que las utilizadas para producir las eEPSCs, colocado también en la capa de células granulares del giro dentado o en el *stratum lucidum* del hipocampo. Los electrodos de registro se fabricaron de vidrio borosilicato, los cuales tras ser llenados con solución *R* tuvieron una resistencia baja y fueron colocados en el *stratum lucidum* de la región CA3 (Fig. 4). La distancia entre la punta de ambos electrodos fue de 200-300 µm.

La LTD fue inducida aplicando estimulación a baja frecuencia (*low frecuency stimulation*, LFS), el protocolo consistió en:

a) estimulación basal a 0.1 Hz durante 10 minutos,
b) LFS a 1 Hz, durante 15 minutos, y
c) retorno a estimulación basal durante al menos 1 h.

En estos experimentos, a menos que se indique lo contrario, los fármacos y sus concentraciones fueron similares a los empleados para registrar eEPSCs.

En los experimentos donde se aplicaron los agonistas durante 4 minutos y el efecto fue reversible, dicho efecto se midió como el máximo valor de la depresión (al pico). En los experimentos con aplicación continua de los agonistas el máximo efecto también fue considerado, pero como el máximo efecto en los últimos 3 minutos del efecto. Para determinar la presencia de LTD se compararon los valores de la amplitud normalizada (de fEPSPs, o de eEPSCs) correspondientes a los últimos 5 minutos de control antes de la aplicación de LFS, con los últimos 5 minutos del registro de 1 hora después de haber concluido el protocolo de LFS.

Confirmación del registro de eEPSCs provocadas por las MF.

Debido a que las células piramidales del área CA3 reciben aferencias no sólo de las células granulares del giro dentado, sino también de proyecciones de otras estructuras, por ejemplo a través de la vía asociacional/comisural, hubo necesidad de descartar la posibilidad de que las corrientes registradas fueran debidas a estimulación proveniente de otras sinapsis. Por lo tanto, se emplearon varios criterios para asegurarse de que las eEPSCs registradas fueron realmente las provocadas monosinápticamente por las fibras musgosas o axones de las células granulares del giro dentado y se describen a continuación:

1) Se aplicó en el baño, al final del experimento, L-CCG-I (10-30 μM), un agonista de los receptores metabotrópicos de glutamato del grupo II, que bloquea selectivamente la transmisión sináptica en las terminales de las fibras musgosas, pero no en las conexiones comisurales/asociacionales (Kamiya *et al.*, 1996) y se incluyeron en el análisis sólo los datos provenientes de aquellos experimentos donde se observó un decremento de más del 85% en la amplitud de la respuesta sináptica, lo que indicó que realmente el principal componente registrado era debido a la estimulación por las fibras musgosas.

2) Se analizó la capacidad de la sinapsis MF-CA3 para desplegar una rápida y marcada facilitación dependiente de la frecuencia, una característica típica de esta sinapsis; empleando el protocolo de facilitación por pares de pulsos (*paired-pulse facilitation,* PPF). Se investigó si existían diferencias en dicha facilitación obteniendo el cociente de la amplitud de la segunda respuesta entre la amplitud de la primera, en rodajas tratadas con inhibidores de la proteína G (toxina pertúsica, PTX) y de la PKA (análogos de cAMP: Rp-Br-cAMP y Sp-8-CPT-cAMP).

3) Algunos experimentos fueron repetidos en presencia de cationes divalentes a concentraciones elevadas (4 mM de Ca^{2+} y 4 mM de Mg^{2+}), con el propósito de disminuir la excitabilidad de la rodaja.

4) También se midió el tiempo al pico de las eEPSCs y sólo se tomaron en cuenta las respuestas consideradas típicas, en términos del tiempo al pico descritas para la respuesta de las fibras musgosas (<1,5 ms; 20-80%), tal como se describió en Kapur *et al.* 1998; y en Yeckel *et al.* 1999).

Cuando el protocolo *1)* no podía ser realizado se aplicó un criterio diferente, por ejemplo en los experimentos con toxina pertúsica (PTX, que impide el funcionamiento normal de una proteína G), o cuando se empleaba algún análogo de cAMP, que también afecta la respuesta mediada por L-CCG-I. En los experimentos con PTX las rodajas fueron incubadas previamente de 6-8 h a 37 °C, para estos experimentos, sus controles fueron también incubados de 6-8 h, a 37 °C, sin PTX.

Determinación del sitio de acción.

Empleamos tres aproximaciones para determinar si el mecanismo era pre o postsináptico.

a) Análisis del coeficiente de variación: El coeficiente de variación (CV) libre de ruido se calculó como ha sido descrito (Rodríguez-Moreno et al., 1997), aplicando la siguiente fórmula:

$$CV = \frac{\sqrt{\sigma^2\,(EPSC) - \sigma^2(ruido)}}{Amplitud_{\,(EPSC)}}$$

Donde, σ^2 (EPSC) y σ^2 (ruido) son la varianza de las eEPSCs y de la línea base, respectivamente. Para cada una de las células se obtuvo el valor de la razón $CV_{KA}/CV_{CONTROL}$.

b) Protocolo de estimulación por pares de pulsos: para el análisis de la facilitación dependiente de la frecuencia, se aplicó un protocolo de estimulación por pares de pulsos (PPF), que consistió en aplicar un segundo pulso eléctrico 40 ms después del primero, a la frecuencia de estimulación basal (0.1 Hz). Se calculó la facilitación obteniendo el cociente de la amplitud del segundo entre la amplitud del primero.

c) Número de fallos: se determinó el número de fallos en la transmisión sináptica, mediada por los receptores de tipo NMDA y tipo AMPA, en condiciones control y en presencia de KA.

Registro de la activación del receptor de kainato en corteza cerebral y en amígdala basolateral.

Ya que la mayoría de la información sobre los receptores de kainato proviene de estudios en hipocampo, se llevaron a cabo una serie de experimentos en corteza cerebral y en amígdala, con el propósito de investigar si algunos de los efectos descritos para los KARs en hipocampo también se podían observar en estas estructuras. Se realizaron experimentos empleando registros de potenciales postsinápticos excitadores de campo provocados (fEPSPs), obtenidos de neuronas glutamatérgicas de la corteza cerebral y del núcleo lateral de la amígdala. A semejanza de lo descrito para los fEPSPs en los estudios de LTD, los experimentos se realizaron en presencia de SYM2206 (100 µM), excepto cuando la concentración de KA fue 50 nM, ya que se ha descrito que a esta concentración sólo activan preferentemente KARs, además en presencia de bicuculina (50 µM), SCH50911 (50 µM) y glicina (10 µM). Los electrodos se fabricaron de vidrio borosilicato. Para provocar los fEPSPs se administraron pulsos eléctricos a través de un electrodo bipolar colocado sobre la capa 5 de la corteza, donde se pueden encontrar neuronas piramidales, el electrodo de registro se colocó en la misma zona a una distancia de ~200 µM del electrodo de estimulación (Fig. 6).

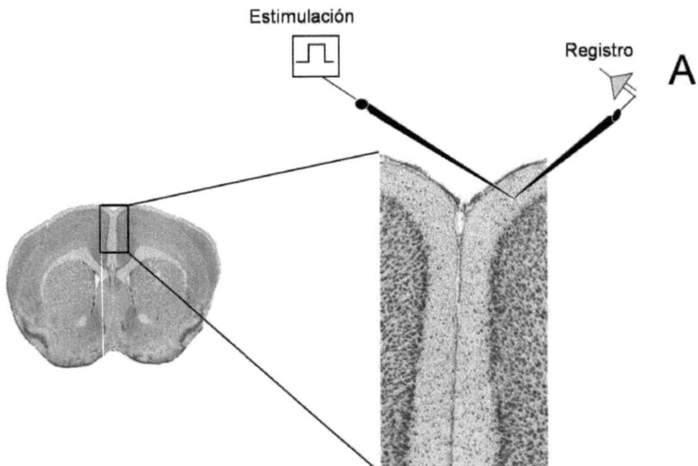

Fig. 11. Disposición de los electrodos de estimulación y de registro en la capa 5 de la corteza motora, la distancia entre ambos electrodo fue de ~200 µM (modificado de Paxinos y Watson, 2001).

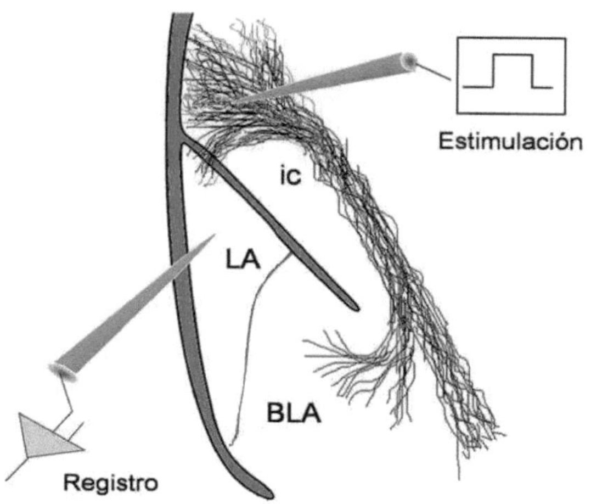

Fig. 12. Para el registro de fEPSPs en la amígdala, se colocó el electrodo de estimulación sobre las fibras de la cápsula interna, que son axones de proyectan del tálamo hacia la amígdala, el electrodo de registro se posicionó sobre el núcleo lateral de la amígdala. La distancia entre ambos electrodo fue de ~400 μM.

En el caso de la amígdala, el electrodo de estimulación se colocó sobre las fibras que forman la cápsula interna, sobre el extremo más distal de los axones que proyectan hacia la amígdala y que provienen del cuerpo geniculado medial del tálamo; el electrodo de registro se posicionó sobre la región del núcleo lateral de la amígdala, donde se pueden encontrar también neuronas glutamatérgicas (Fig. 6). Se investigó el efecto de KA (1 μM) sobre la amplitud de los fEPSPs en la corteza cerebral, en la sinapsis L5-L5 y en la sinapsis tálamo-núcleo lateral de la amígdala.

Aplicación de compuestos

Las sustancias fueron administradas por gravedad, intercambiando entre cuatro líneas de perfusión (Fig. 6). Las concentraciones del agonista kainato (KA) variaron en función del experimento, pero se emplearon principalmente de 300 nM a 1 μM. A menos que se indique lo contrario, en los experimentos que involucraron a las eEPSCs mediadas por los receptores de tipo NMDA, todas las soluciones contenían SYM2206 (100 μM), bicuculina (50 μM) y SCH50911 (50 μM), para bloquear los receptores de tipo AMPA, $GABA_A$ y $GABA_B$, respectivamente y en aquellos donde el componente a estudiar eran las eEPSCs mediadas por los receptores de tipo AMPA se empleó D-AP5 (100 μM) para bloquear los receptores de tipo NMDA, así como bicuculina (50 μM) y SCH50911 (50 μM).

El agonista KA, la bicuculina, la naloxona, la PTX, las sales y en general el resto de las sustancias, fueron adquiridas de Sigma (St. Louis, MO, USA). El 6-ciano-7-nitroquinoxalina-2,3,-diona (CNQX), el ácido (+)-(25)-5,5-dimetil-2-morfolineacético (SCH50911), el (±)-4-(4-aminofenil)-1,2-dihidro-1-metil-z-propilcarbamoil-6,7-metilenedioxiftalazina (SYM2206), 8-ciclopentil-1,3,dipropilxantina (DPCPX), el ácido D-2-amino-5-fosfonovalérico (D-APV), α-metil-4-fosfonofenilglicina (MCPG) y el [(25, 1´s,2´s)-2-(carboxiciclopropil) glicina (L-CCG-I)] y la estaurosporina fueron adquiridos de Tocris. La forscolina, la dideoxiforskolina, el 3-isobutil-1-metilxantina (IBMX), el H-89, el monofosforotioato 8-bromoadenosina-3´,5´-cíclico y el Rp-8-Br-cAMP fueron adquiridos de Calbiochem.

Dependiendo del fármaco, los *stocks* se preparaban el día del experimento y algunos se conservaron de 1 a 3 meses a 4 ºC ó a -20 ºC hasta su uso.

Análisis de los datos

Los datos obtenidos tanto de los experimentos con registros de eEPSCs como con registros de fEPSPs fueron representados como medias ± EEM, la significancia fue evaluada a un nivel de $P < 0.05$, empleando una prueba *t* de Student no pareada.

El análisis de los registros se realizó con el programa Clampfit (del paquete pClamp, v. 8.2 de Axon Instruments). Los gráficos se hicieron empleando el programa SigmaPlot 2000.

Parte II

Evidencias experimentales de la localización, acción metabotrópica y vías intracelulares del receptor de kainato

CAPÍTULO 6

ACTIVACIÓN DE KAR Y LIBERACIÓN DE GLUTAMATO

a. Diseño experimental

La aplicación de kainato deprime la transmisión sináptica glutamatérgica en la sinapsis fibra musgosa-CA3 del hipocampo de ratón.

Se determinó el efecto de la aplicación de kainato (KA) sobre la amplitud media de las corrientes postsinápticas excitadoras provocadas (eEPSCs) mediadas por los receptores de glutamato de tipo NMDA (NMDARs), en la sinapsis fibra musgosa-CA3 (MF-CA3) en el hipocampo de ratón; para ello se llevaron a cabo experimentos donde se aisló el componente NMDA de la corriente excitadora empleando SYM2206 (antagonista selectivo y no competitivo de los receptores de glutamato de tipo AMPA). Se observó que la presencia de SYM2206 a una concentración de 100 µM bloqueó completamente la corriente mediada por los receptores de tipo (eEPSCs-AMPAR, Fig. 1 A).

Adicionalmente, se bloqueó la inhibición GABAérgica añadiendo en la solución extracelular bicuculina (50 µM) y SCH50911 (50 µM) para bloquear los receptores de tipo $GABA_A$ y $GABA_B$, respectivamente y así aislar las respuestas excitadoras; además, se adicionó glicina (10 µM), que actúa como co-activador de los receptores de tipo NMDA, facilitando su activación.

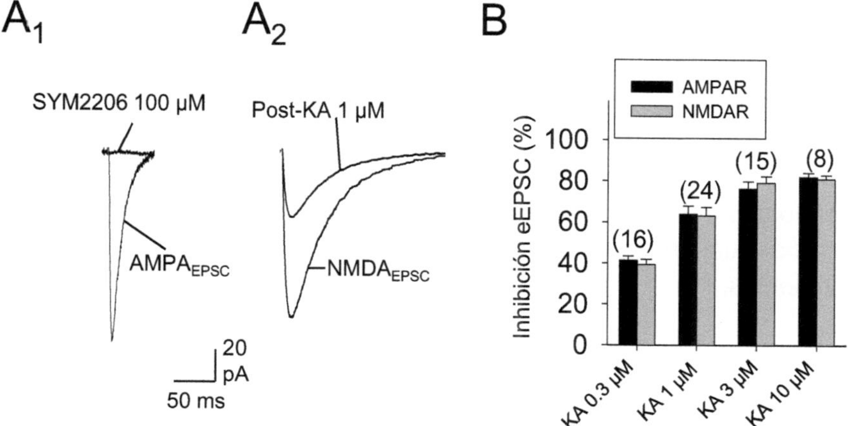

Fig. 1. La activación de los receptores de glutamato de tipo kainato produce una inhibición de la amplitud media de las corrientes postsinápticas excitadoras provocadas (eEPSCs) en la sinapsis fibra musgosa-CA3. ***A1***: la administración de SYM2206 (100 µM) bloqueó completamente las eEPSCs mediadas por los receptores de tipo AMPA; ***A2***: efecto de KA (1 µM) sobre la amplitud de las eEPSCs mediadas por los receptores de tipo NMDA, los trazos muestran los registros antes y después de 4 minutos de aplicación de KA. ***B***: El efecto de KA sobre la amplitud de las eEPSCs mediadas por los receptores de tipo NMDA y de tipo AMPA es dependiente de la concentración. Nótese que KA produce una disminución similar en la amplitud de la corriente mediada por ambos tipos de receptores cuando se aplica la misma concentración de kainato.

La adición de KA 1 µM en estas condiciones durante 4 minutos produjo un decremento de la amplitud media de las EPSCs mediadas por los receptores de tipo NMDA (eEPSCs-NMDARs) del 63.2 ± 3.7% (*n* = 35, Fig. 1 A, B).

En una serie de experimentos paralelos se aislaron las eEPSCs-AMPAR, registradas en ausencia de SYM2206 y en presencia D-AP5 (50 µM), antagonista competitivo de los NMDARs, así en presencia de bicuculina y SCH50911, a las concentraciones indicadas previamente. En estas condiciones la adición de KA en un rango de concentraciones de 0.3-10 µM, produjo un decremento de la amplitud media de las eEPSCs-AMPARs (Fig. 1 B).

La depresión de la liberación de glutamato producida por KA se debe a la activación de receptores de kainato.

El efecto observado de KA de deprimir la amplitud media de las eEPSCs podría deberse a la activación directa de receptores de kainato o podría ser un efecto indirecto mediado por algún de neuromodulador actuando sobre sus receptores liberado tras la activación de los KARs. Para determinar cuál de los dos escenarios era cierto se llevaron a cabo distintos experimentos.

En primer lugar, la adición al baño del antagonista no selectivo de los receptores de tipo AMPAR y de los de tipo KA, CNQX a una concentración de 100 μM, abolió el decremento de la amplitud de las eEPSCs (63.2 ± 3.7%) producido por KA (1 μM); de tal modo que la reducción producida por KA ahora fue de sólo el 12.1 ± 1.0 % (Fig. 3). Considerando que los experimentos se realizaron estando bloqueados los receptores de tipo AMPAs con SYM2206, estos datos indican que el efecto de KA podría, en principio, estar mediado por la activación de receptores de glutamato de tipo KA.

Aún así, la activación de los KARs podría producir la liberación de otros neurotransmisores que actuando sobre sus receptores podrían producir el efecto observado. Para descartar esta posibilidad se repitieron los experimentos en rodajas tratadas con un cóctel que contenía los siguientes antagonistas: MCPG y MPPG (2 mM cada uno); naloxona (100 μM), bicuculina (50 μM), SCH 50911 (50 μM), atropina (50 μM), propanolol (100 μM) y DPCPX (0.1 μM), para antagonizar los receptores metabotrópicos de glutamato, opiáceos, $GABA_A$, $GABA_B$, muscarínicos, β-adrenérgicos y de adenosina A_1, respectivamente. En tales condiciones se encontró que KA continuaba inhibiendo efectivamente las eEPSCs (Fig. 3), lo que indica que la acción de KA no estaba siendo mediada por la activación de los receptores descritos.

Se ha descrito previamente la existencia de receptores de kainato presentes en las interneuronas de hipocampo (Rodríguez-Moreno *et al.*, 2000) y que la activación de estos receptores podría afectar a la transmisión glutamatérgica (Schmitz *et al.*, 2000).

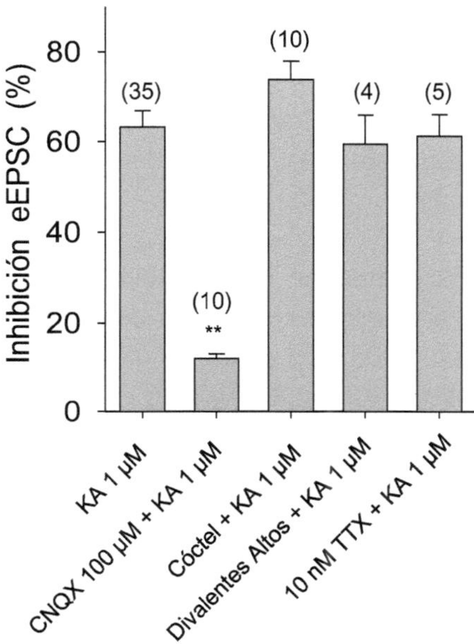

Fig. 2. La depresión de la liberación de glutamato es mediada por la activación de receptores de KA. El efecto de KA sobre las eEPSCs mediadas por los receptores de tipo NMDA fue abolido por CNQX (100 µM). En presencia de un cóctel de antagonistas de receptores metabotrópicos de glutamato, $GABA_A$, $GABA_B$, opiáceos, muscarínicos, β-adrenérgicos y de adenosina, KA continuó produciendo una disminución similar de la amplitud de las eEPSCs. Aún en presencia de concentraciones elevadas de cationes divalentes, la inhibición producida por KA no se afectó, incluso también se observó en presencia de TTX (10 nM). El número de experimentos se indica entre paréntesis, los resultados están expresados en valores medios ± el error estándar de la media (EEM; $^{**}P < 0.01$, test t de Student).

Para descartar la posibilidad de que el efecto observado de KA estuviera mediado por la activación de KARs presentes en las interneuronas se realizaron experimentos en los que en la solución extracelular se elevó la concentración de cationes divalentes (8 mM de Ca^{2+} y 17 mM de Mg^{2+}). En estas condiciones se previene la descarga de las interneuronas mediada por la activación de KARs sin alterar la probabilidad de liberación (Frerking *et al.*, 2000).

En tales condiciones, efectivamente, se evitó la descarga interneuronal producida por KA (1 µM) en la solución extracelular normal [770 ± 185%, *n* = 5, de incremento en las corrientes postsinápticas inhibidoras espontáneas (eIPSCs) frente a 99 ± 16%, *n* = 4) en condiciones de concentración alta de divalentes]. No obstante, este tratamiento no tuvo efecto sobre la depresión de las eEPSCs producida por KA (59.6 ± 6.3% de decremento de la corriente; *n* = 4; Fig. 2).

Finalmente, para atenuar la excitabilidad de las redes neuronales completas, se realizaron experimentos en presencia de tetrodotoxina (TTX, 10 nM; Frerking *et al*., 1998). En estas condiciones, KA (1 µM) aún deprimió la transmisión sináptica excitadora (Fig. 2).

Estos resultados son indicativos de que la depresión de la amplitud de las eEPSCs observada se debe a la activación directa de los KARs por el agonista kainato.

La depresión de la liberación de glutamato producida por activación de los receptores de kainato involucra un mecanismo presináptico.

Para determinar el sitio de acción pre o postsináptico de KA sobre las eEPSCs mediadas por NMDAR y por AMPAR se emplearon varias aproximaciones.

Primero, se examinó el cambio en el coeficiente de variación (CV) de las respuestas sinápticas frente al cambio en su amplitud media (M). De acuerdo con un efecto presináptico de KA, el decremento de la amplitud media de las eEPSCs (mediadas por los receptores de tipo NMDA y de tipo AMPA) fue paralelo a un decremento en el parámetro $1/CV^2$ (Fig. 3) que se conoce que varía como una función del tamaño cuantal (Thompsom y Deuchars, 1995).

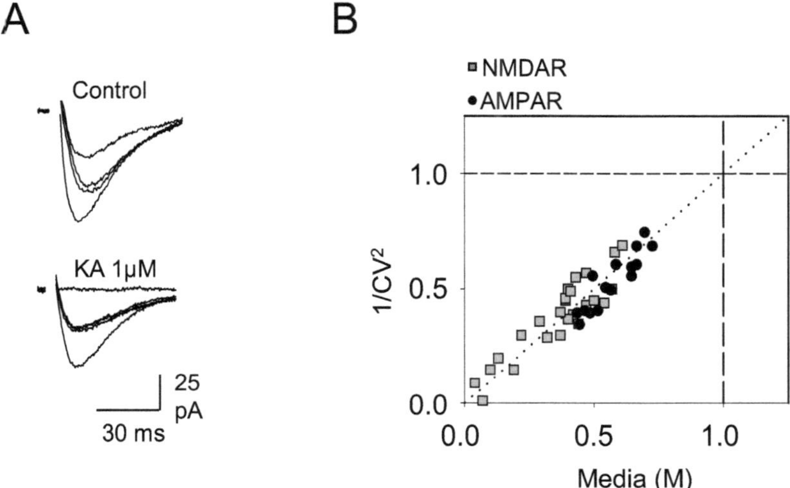

Fig. 3. La depresión de las eEPSCs mediada por la activación de los KARs, en la sinapsis MF-CA3, involucra un mecanismo de acción presináptico. ***A*** Efecto de KA sobre la fluctuación traza a traza de las eEPSCs. ***B*** La media (M) de las amplitudes de las eEPSCs y su coeficiente de variación (CV) fueron medidos durante la aplicación de KA y normalizados respecto de los valores control para cada célula. Los datos experimentales siguen la relación predicha para un sitio de acción puramente presináptico (línea diagonal) en vez de un sitio de acción postsináptico (línea horizontal). Para las corrientes mediadas por los receptores de tipo AMPA, los datos graficados muestran el efecto de KA a una concentración de 0.3 µM, a la cual el agonista activa preferentemente receptores de tipo KA y no de AMPA.

Segundo, se aplicó un protocolo de facilitación por pares de pulsos (*paired-pulse facilitation*, PPF) sobre las fibras musgosas (Fig. 4 A, 1, 2) y se determinó si esta PPF era alterada por KA. El intervalo interestímulo se estableció a 40 ms, al cual se observó la mayor facilitación de la amplitud tras el segundo pulso.

El cociente de la PPF fue de 2.6 ± 0.3 (*n* = 10) para las eEPSCs mediadas por los receptores de tipo NMDA. Durante la aplicación de KA, la facilitación aumentó significativamente a 4.3 ± 0.7 (*n* = 10; Fig. 4, A y B), sugiriendo que la probabilidad de liberación en la sinapsis FM-CA3 había disminuido (Manabe *et al.*, 1993). Se obtuvieron resultados semejantes para las eEPSCs mediadas por los receptores de tipo AMPA (Fig. 4 B).

Tercero, se determinó el número de fallos en la transmisión sináptica en las células registradas. En las eEPSCs mediadas por NMDAR fue de 5 ± 1% (n = 9) en condiciones control; en presencia de KA (1 µM) se incrementó claramente el número de fallos en la transmisión sináptica (45 ± 7%, n = 9; Fig. 6 A). Los datos obtenidos para las eEPSCs mediadas por AMPAR y con KA a 0.3 µM, fueron similares (Fig. 6 B). Estos resultados sugieren que la reducción obtenida tras la activación de los KAR se debe a un cambio en parámetros presinápticos.

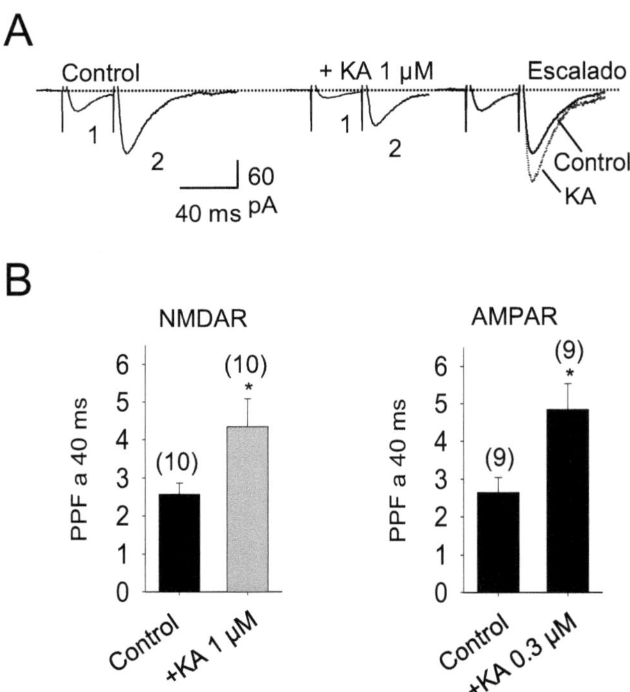

Fig. 4. KA incrementa la facilitación por pares de pulsos. ***A***: Registros que muestran la facilitación por pares de pulsos (PPF, 1, 2) a un intervalo interestímulo de 40 ms. La aplicación de KA (1 µM) produjo un incremento en la PPF. ***B***: Cuantificación de la facilitación por pares de pulsos de las corrientes mediadas por NMDARs y por AMPARs (*P <0.05, test t Student).

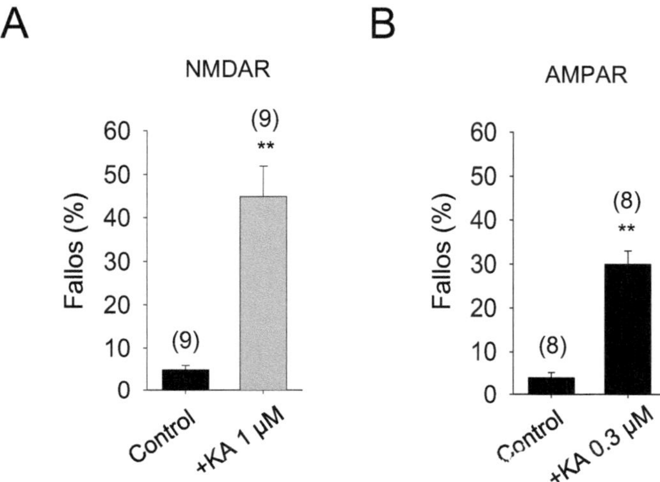

Fig. 5. KA produce un incremento en el número de fallos en la transmisión sináptica. Efecto de KA sobre el número de fallos en la transmisión sináptica en las eEPSCs mediadas por receptores de tipo NMDA (*A*) y AMPA (*B*); (**$P < 0.01$, test *t* de Student).

La inhibición de la liberación de glutamato mediada por la activación de los receptores de kainato es de larga duración.

Se registraron células hasta la completa recuperación de la amplitud de las eEPSCs tras el efecto depresor de KA y se encontró que la reducción de las eEPSCs tras la aplicación del agonista a la solución de baño fue de 63.2 ± 3.7% en el pico de depresión, lo cual ocurrió a los 6 minutos después de dicha aplicación; conforme se iba recuperando se midió la amplitud de la corriente, encontrándose que fue de 41 ± 2% a los 25 minutos, de 17.3 ± 2.3% a los 45 minutos y se recuperó completamente a los 60 minutos, indicando que el efecto dura alrededor de 1 hora para una concentración de 1 µM de kainato.

Para determinar si había diferencia entre los cursos temporales del efecto de KA sobre la despolarización postsináptica y el efecto de este agonista sobre las la amplitud de las eEPSCs, se realizaron experimentos utilizando la técnica de patch clamp en modo de fijación de corriente, encontrándose que el efecto de KA sobre las eEPSCs es de mayor duración que los cambios en el potencial de membrana (*Vm*; Fig. 6).

Para determinar si las concentraciones de KA empleadas tenían algún efecto sobre el tiempo de recuperación de la amplitud de la respuesta, se estudió el curso de temporal de la acción de KA 0.3 µM. Se encontró que tal concentración producía un decremento de la amplitud media de las eEPSCs (39.3 ± 2.1, *n* = 16) a los 6 minutos. La recuperación completa de la respuesta ocurrió a aproximadamente 45 minutos, indicando así una recuperación un poco más rápida que con KA 1 µM. La adición de KA a la rodaja en algunos casos (en 13 de 35 células) produjo una corriente de membrana en dirección entrante, indicando que tuvo un efecto despolarizante (esta despolarización fue registrada como un cambio en la corriente que se aplicó para mantener a la célula al potencial de membrana deseado (*holding current*). El valor medio de este cambio en la *holding current* fue de 27.0 ± 4.8 pA (Fig. 6).

Sin embargo, de igual forma a lo sucedido en el caso de KA 1 µM, el efecto de KA 0.3 µM sobre la amplitud de las eEPSCs fue claramente de mayor duración que el cambio que estas concentraciones de KA produjeron en la *holding current*, ya que la *holding current* volvió a su valor de partida a los 6 minutos.

Para confirmar que las eEPSCs registradas eran provocadas principalmente por la estimulación de los axones de las células granulares del giro dentado (MF) y no de otras aferencias, se añadió a la solución extracelular el agonista de los receptores metabotrópicos del grupo II, L-CCG-I, que bloquea la transmisión sináptica en las terminales de las MF pero no en las conexiones comisural/asociacional (Kamiya *et al.*, 1996), al final de los experimentos. Se observó claramente que L-CCG-I a una concentración de 10-30 µM deprimió más del 90% la amplitud de las eEPSCs (92.2 ± 4.8%, *n* = 35, Fig. 6), lo que indica que la mayoría de las corrientes sinápticas que se registraron eran originadas efectivamente por la activación de las MF.

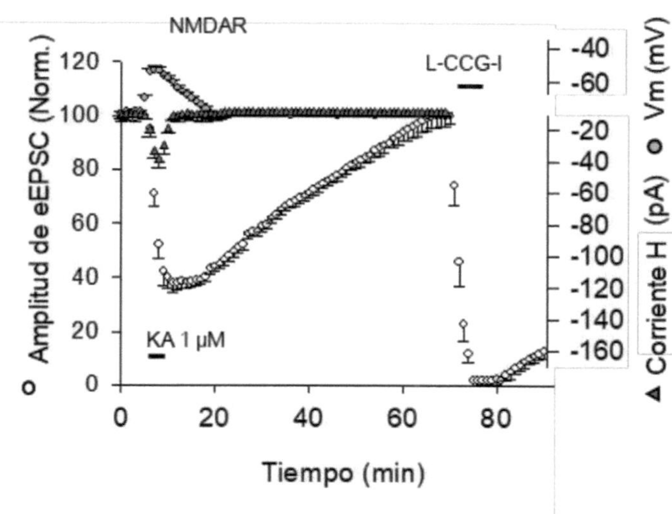

Fig. 6. KA produce cambios en la holding current. La inhibición de las eEPSCs de las MF (círculos abiertos) inducida por la aplicación de KA (1 μM) duró más que la variación en la holding current (H current, triángulos) y en el Vm (círculos grises) producidas en las neuronas postsinápticas de CA3. El agonista de los receptores metabotrópicos de glutamato del grupo II (mGluR II), L-CCG- suprimió las eEPSCs.

b. Discusión

En el presente estudio se ha mostrado que KA produce una inhibición de la transmisión sináptica excitadora mediada por la activación directa de los receptores de kainato y se han descrito los mecanismos involucrados.

La determinación del efecto de kainato sobre la liberación de glutamato se llevó a cabo bloqueando los receptores de tipo AMPA, los otros receptores de glutamato que también podrían ser activados por el agonista kainato. El hecho de que en tales condiciones de bloqueo el efecto depresor de KA siga presente y éste desaparezca o se atenúe de forma claramente significativa en presencia de CNQX, antagonista prototípico de los receptores de tipo AMPA y kainato (que en estas condiciones se utiliza como antagonista de los KARs al haber sido los AMPARs previamente antagonizados con SYM2206), indica que el efecto inhibidor de KA observado se debe a la activación de receptores de tipo KA.

El hecho de que la depresión de la amplitud media de las eEPSCs observada tras la adición de KA a las rodajas siga presente al tratar las mismas con un cóctel de antagonistas de receptores mGluRs, opiáceos, $GABA_A$, $GABA_B$, muscarínicos, β-adrenérgicos y de adenosina 1_A, permite descartar que el efecto observado se deba a una acción indirecta mediada por alguno de estos sistemas receptores tras ser activados por sus agonistas, que podrían haber sido potencialmente liberados debido a la acción despolarizante de KA al activar sus receptores.

Aún así, todavía podría ser posible que algún otro neuromodulador (cuyos receptores no se hayan bloqueado o antagonizado con el cóctel anteriormente descrito) liberado tras la activación de los KARs pudiera estar mediando de forma indirecta el efecto observado. Así, se ha descrito la presencia de dos poblaciones de receptores de tipo KA en interneuronas del hipocampo (Rodríguez-Moreno *et. al*, 2000), una población localizada en el compartimiento somatodendrítico y la otra en los terminales de éstas neuronas. La activación de KARs localizados en el terminal presináptico produce una disminución de la liberación de GABA (Rodríguez-Moreno *et al.*, 1997; Clarke *et al.*, 1997), mientras que los KARs que se localizan en el compartimiento somatodendrítico al ser activados causan un considerable incremento en la frecuencia de las corrientes postsinápticas inhibidoras espontáneas (sIPSCs, Frerking *et al.*, 1998, Cossart *et al.,* 1998; Rodríguez-Moreno *et al.*, 2000); esta actividad espontánea podría tener un efecto neuromodulador sobre las corrientes excitadoras registradas en las neuronas piramidales con las que hacen sinapsis, pudiendo afectar a la acción de KA observada sobre las eEPSCs (Frerking *et al.*, 2001).

Para descartar esta posibilidad se repitieron los experimentos en presencia de altas concentraciones de cationes divalentes (Mg^{2+} y Ca^{2+}) en la solución extracelular. Este protocolo reduce la excitabilidad de las interneuronas sin que se altere la probabilidad de liberación. El hecho de que en estas condiciones, KA 1µM continúe teniendo su efecto depresor sobre la transmisión sináptica excitadora, indicó que éste efecto no está mediado por la activación de KARs presentes en el compartimiento somatodendrítico de las interneuronas.

Finalmente, se repitieron los experimentos en presencia de concentraciones bajas de TTX que reducen la excitabilidad de las rodajas pero permiten seguir estudiando la fisiología sináptica, en estas condiciones tampoco se afectó la acción depresora de KA.

En conjunto, los resultados de estos experimentos muestran que la depresión de la amplitud media de las eEPSCs tras la aplicación de KA es mediada por la activación de receptores de tipo kainato y que no depende de la activación de los receptores mGluRs, opiáceos, $GABA_A$, $GABA_B$, muscarínicos, β-adrenérgicos o de adenosina 1_A; tal depresión tampoco depende de la activación de los KARs presentes en interneuronas en la sinapsis fibra musgosa-CA3 de hipocampo.

Tres aproximaciones experimentales distintas sugieren que los receptores de kainato que median la depresión de la amplitud media de las eEPSCs están situados en la neurona presináptica.

Primero se examinó si existen cambios en el coeficiente de variación (CV) de las eEPSCs frente al cambio en la amplitud promedio (M) de las mismas, antes y durante la aplicación de KA, tal como se ha descrito y empleado en varios estudios con el mismo propósito (Thompsom y Deuchars, 1995; Rodríguez-Moreno *et al.*, 1997; Rodríguez-Moreno y Sihra, 2004). El resultado de este análisis mostró que al comparar las respuestas antes y durante la administración de KA, el decremento en la amplitud de la corriente varió en forma paralela a los decrementos en el parámetro $1/CV^2$, lo que se ha descrito que está de acuerdo con la relación predicha para un sitio de acción meramente presináptico.

En segundo lugar, se aprovechó la capacidad de la sinapsis MF-CA3 de desplegar una marcada facilitación dependiente de la frecuencia. Se aplicó un protocolo de pares de pulsos, el cual es una aproximación comúnmente utilizada que permite apreciar claramente la facilitación de la transmisión en la sinapsis MF-CA3 (Schmitz *et al.*, 2001a); además se ha descrito que este protocolo proporciona información útil para determinar el sitio de acción pre o postsináptico (Manabe *et al*., 1993; Gryder y Rogawsky, 2003), según aumente o disminuya la amplitud del segundo pulso con respecto del primero. Se probaron intervalos interestímulo en un rango de 10-100 ms y la separación temporal de 40 ms entre ambos pares de pulsos fue la que ofreció la mayor facilitación de la amplitud de la corriente ante el segundo pulso. La presencia de KA redujo más la amplitud de la respuesta al primer pulso, de modo que al compararla con los controles respectivos la proporción de la facilitación de la amplitud dió un valor significativamente mayor, lo que se ha descrito es indicativo de un cambio en la maquinaria presináptica, que resulta en un decremento de la probabilidad de liberación del neurotransmisor. Este resultado reforzó la opinión de que los receptores de kainato implicados se ubicaban en el terminal presináptico.

Finalmente, se conoce que en ocasiones ante un potencial de acción en la neurona presináptica no siempre se produce una respuesta registrable en la neurona postsináptica, lo que ha sido denominado como un fallo en la transmisión sináptica, el cual es atribuido a un cambio en la probabilidad de liberación del neurotransmisor. Se determinó el número de fallos en la transmisión sináptica en las neuronas de CA3 registradas y se observó que cuando KA estaba presente, la proporción de fallos en la transmisión sináptica se hallaba significativamente incrementada, lo que indicó que había ocurrido un cambio en la probabilidad de liberación, sugiriendo un mecanismo de acción presináptico.

En suma, los tres parámetros estudiados, el análisis del coeficiente de variación, el protocolo de pares de pulsos y el número de fallos, determinaron de manera independiente que el sitio preciso para la acción de KA era presináptico, sobre receptores de tipo kainato localizados en los terminales de la fibra musgosa, en la sinapsis MF-CA3.

CAPÍTULO 7

ACCIONES METABOTRÓPICAS DEL KAR

a. Diseño experimental

De los resultados descritos en el capítulo 5 parece claro que la activación de los receptores de kainato mediada por KA, deprime la liberación de glutamato en los terminales de las fibras musgosas, un fenómeno que se revierte lentamente tras el lavado de KA. Esta recuperación lenta de la corriente contrasta con la rápida recuperación de la acción despolarizante de KA (reflejada en los cambios de *Vm* y de la *h current*, Fig. 6). Estos resultados parecen incompatibles con la simple idea de que la depresión observada sea debida sólo a los efectos despolarizantes de kainato como han propuesto algunos autores (Kamiya y Ozawa, 2000). De hecho los resultados obtenidos sugieren una acción metabotrópica de los KARs para este efecto, de manera semejante a como se ha descrito previamente (Rodríguez-Moreno y Lerma, 1998, Rodríguez-Moreno *et al.*, 2000).

El efecto depresor de KA sobre la liberación de glutamato es mediado por una proteína G sensible a toxina pertúsica.

Para determinar si la depresión de la liberación de glutamato mediada por activación de receptores de kainato implicaba una acción metabotrópica se investigó el efecto del pretratamiento de las rodajas con toxina pertúsica (*Pertussis* toxin, PTX) sobre la depresión de la amplitud de las eEPSCs mediadas por la activación de los receptores de tipo NMDA. Se incubaron las rodajas con PTX (5 µg/ml) durante 6-8 h, a 37° C. Se registraron eEPSCs en rodajas tratadas con PTX y se estudió el efecto de KA 1 µM sobre las eEPSCs en estas rodajas (Fig. 7).

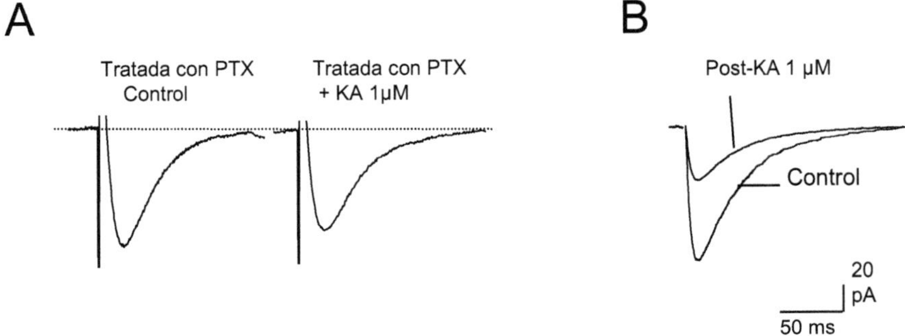

Fig. 7. La inhibición de la liberación de glutamato producida por KA involucra una proteína G sensible a toxina pertúsica. ***A***: registros de eEPSCs mediadas por NMDAR, obtenidos en neuronas piramidales de CA3 de rodajas pre-tratadas con toxina pertúsica (PTX, 5 µg/ml, por 6-8 h, a 37°C). En presencia de PTX, KA no produjo ninguna inhibición de la corriente (comparado con el efecto de KA observado en rodajas incubadas sin PTX, ***B***: control).

Se observó claramente que la PTX previno el efecto inhibidor de KA. Otro grupo de rodajas fue incubado en las mismas condiciones (durante 6-8 h, a 37° C) pero sin PTX, para descartar que la diferencia en el efecto de KA se debía al proceso de incubación (Fig. 7, B).

Como se indicó antes, los cambios en la *holding current* pueden ser usados para monitorizar la actividad ionotrópica de los KARs. Al hacerlo en rodajas tratadas con PTX, se observó que mientras el efecto mediado por KA sobre la amplitud de la eEPSC fue evitado, el agonista continúo produciendo un cambio en la holding current similar al observado en las rodajas no tratadas con PTX (27± 7 pA, n = 6 en rodajas no tratadas frente a 29 ± 6 pA, n = 8 en rodajas tratadas con PTX). La figura 8 muestra el curso temporal de la acción del KA en rodajas tratadas y no tratadas con PTX. Estos datos indican que la PTX bloquea el efecto metabotrópico de los KARs presinápticos, pero no la estimulación ionotrópica causada por la activación de los receptores de KA (Fig. 8 B).

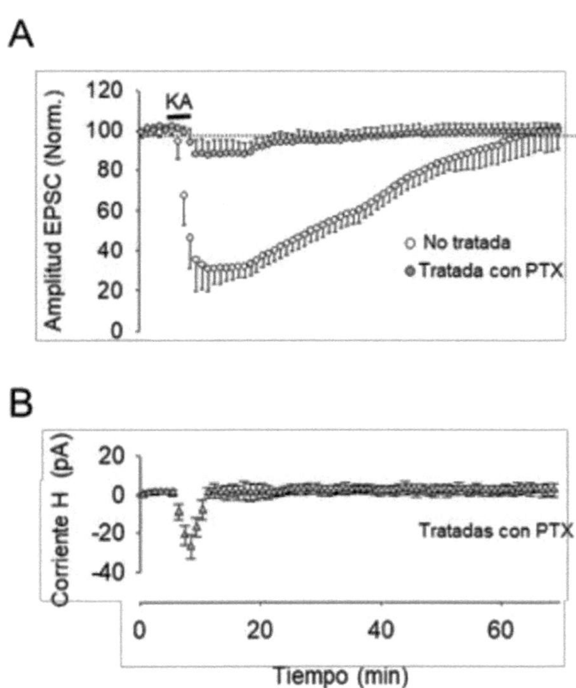

Fig. 8. A Curso temporal de la amplitud de las eEPSCs, antes, durante y después de la aplicación en el baño de KA en rodajas no tratadas con PTX (círculos abiertos) y tratadas con PTX (círculos grises). **B** Puede apreciarse que KA continúa produciendo un cambio en la holding current en las rodajas tratadas con PTX, igual al observado en rodajas no tratadas.

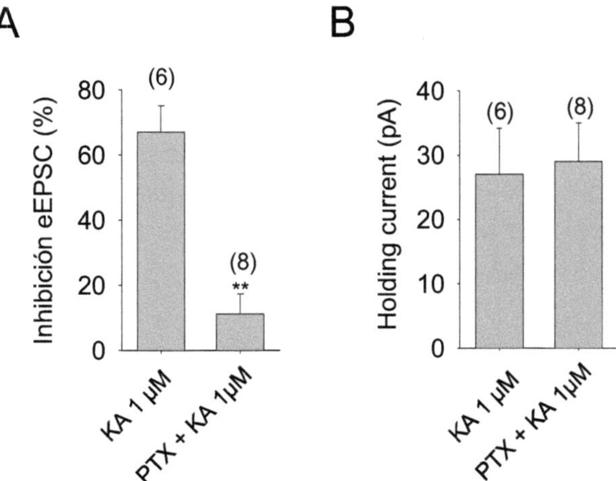

Fig. 9. Efecto de KA (1 µM) sobre la amplitud de las eEPSCs (***A***) y sobre la *holding current* (***B***) en rodajas sin incubar y en rodajas tratadas con PTX. La PTX evitó la acción de KA sobre la liberación de glutamato, pero no el cambio en la *holding current*, los valores de éste están expresados en la gráfica en valor absoluto. Las barras representan las medias ± EEM (**P < 0.01, test t de Student).

En suma, en las rodajas tratadas con PTX el efecto inhibidor de KA 1 µM sobre las eEPSCs mediadas por NMDAR fue completamente abolido (control, 67.0 ± 8.1%, n = 6 frente a +PTX, 11.2 ± 6.2%, n = 8; Fig. 9). Estos datos indican que se requiere la activación de una proteína G sensible a PTX para la depresión de la liberación de glutamato mediada por kainato.

b. Discusión

Al caracterizar completamente la recuperación de las eEPSCs después de la aplicación de KA se encontró que tal recuperación dura aproximadamente 1 h cuando ocurre de forma completa. De manera semejante a los resultados obtenidos por Contractor *et al.*, en el 2000 (allí se empleó KA 3 µM), se encontró un efecto prolongado de KA que duró más que el cambio en la *holding current*. Otros autores han estudiado los efectos de KA sobre la amplitud de las eEPSCs, pero en la mayoría de los casos no se estudió la recuperación completa de la respuesta, o se hizo sólo parcialmente para corroborar que se estaba recuperando.

Se han mostrado diferentes curso temporales de la recuperación (Contractor *et al.*, 2000; Kamiya y Ozawa 2000; Schmitz *et al.* 2000). Una posible explicación para estas diferencias podría ser la tasa de perfusión empleada; aunque algunos autores no muestran este dato, la mayoría utiliza tasas de perfusión muy similares a la utilizada en los experimentos aquí realizados (2-3 ml/min), la cual es una tasa de perfusión muy común en los estudios con rodajas, por tanto, no parece que esta pueda ser la explicación a las diferencias en el curso temporal de la recuperación. Es muy probable que estas diferencias que se observan en el tiempo de recuperación se expliquen mejor por las variadas concentraciones de KA usadas en los distintos estudios; algo que se pudo apreciar en estos experimentos, pues se observó que KA 0.3 µM produjo un decremento de la amplitud de las eEPSCs que se recupera completamente en 45 min, más rápido que cuando se emplea KA 1 µM, pero aún así mucho más lento que la variación en la *holding current.*

El cambio transitorio que se observa en la *holding current* resulta de suma utilidad, muestra de una manera precisa el curso temporal de la presencia de KA en la solución extracelular; esta rápida recuperación de la corriente de membrana hacia valores en reposo sirve como monitor de la acción de retirar eficientemente al agonista de los alrededores de la célula en experimentación. Los resultados descartan que la despolarización por KA de los terminales de la MF sea la única causa de la reducción de la liberación del neurotransmisor, como se ha sugerido (Kamiya y Ozawa, 2000); si esta depresión fuera el resultado exclusivo de la acción despolarizante del agonista, se hubiera podido predecir que el efecto sobre las eEPSCs se recuperaría con un curso temporal similar a los cambios de voltaje; sin embargo, no ocurrió de esta manera (Fig. 2).

Kamiya y Ozawa en el 2000 concluyeron que KA aumenta la excitabilidad de la fibra musgosa y que lo más probable es que este efecto se debiera a despolarización axonal. Tal despolarización parece ser causada por un decremento del flujo de Ca^{2+} inducido por potenciales de acción, lo que a su vez conduce a una reducción de la liberación del neurotransmisor. Es muy poco probable que este tipo de mecanismo sea el que ocasione la modulación observada, debido a que en estos experimentos la depresión de las eEPSCs producida por KA se prolongó mucho más que la acción despolarizante de KA, observado como un cambio en *la holding current* postsináptico y que estuvo presente durante y un poco después de la perfusión de KA. Por lo tanto, los resultados que se han mostrado son claramente incompatibles con la idea de que los efectos contingentes sobre la despolarización de los terminales de la MF a través del bloqueo o de la inactivación de canales de Ca^{2+} son los únicos responsables de la disminución de la liberación de glutamato.

Las acciones inhibidoras de KA que se observaron aquí son similares al mecanismo de acción metabotrópico que se ha descrito previamente para los receptores de kainato (Rodríguez-Moreno y Lerma, 1998; Rodríguez-Moreno y Sihra, 2007a, b). En uno de estos trabajos, realizado en neuronas GABAérgicas, los efectos inhibidores de KA se atribuyeron a un mecanismo metabotrópico, involucrando un proteína G inhibidora $G_{i/o}$. Desde entonces, diversos autores han descrito varios papeles metabotrópicos para los KARs. Con respecto a la transmisión sináptica glutamatérgica han informado de una participación de la proteína G en la depresión de la liberación de glutamato producida por KA en la sinapsis CA3-CA1 (Frerking *et al.*, 2001). La sensibilidad a la toxina pertúsica (PTX) de la depresión de la liberación de glutamato mediada por la activación de KARs descrita en la presente memoria implica el subtipo G_i/G_o de la proteína G en ésta acción.

A pesar de la creciente congruencia sobre las acciones metabotrópicas de los receptores de glutamato de tipo KA y de tipo AMPA, aún no se conoce el mecanismo exacto de cómo los receptores de kainato pueden activar una proteína G. Los estudios iniciales sobre esta cuestión mostraron en el pez dorado que la afinidad de estos receptores por KA presenta cierta sensibilidad a PTX así como a la ADP ribosilación de una proteína de 40 kDa, que podría coincidir con los KARs de este pez (Ziegra, *et al.*, 1992). Además, Willard y Oswald (1992) observaron que un receptor de tipo KA clonado de cerebro de rana, puede interactuar funcionalmente con una proteína G presente en las membranas de las células de ovario de hámster chino (CHO), y el pretratamiento de estas membranas con PTX lleva a un decremento del 35% de la unión de KA. Se ha sugerido que los receptores de tipo AMPA se acoplan a proteínas $G_{i/o}$ para regular la actividad de la AC (Wang *et al.*, 1997) y además que en la retina podrían también interactuar con proteínas G estimuladoras para regular la actividad de las fosfodiesterasas (Kawai y Sterling, 1999).

Cunha *et al.*, (1999) encontraron en la membrana de sinaptosomas de hipocampo de la rata un acoplamiento de los receptores de KA a una proteína G_i/G_o.

Considerando que es poca la similitud estructural de los receptores de kainato con los receptores metabotrópicos, se ha sugerido la participación de proteínas adaptadoras (Rodríguez-Moreno y Lerma, 1998), que estén implicadas en transmitir la señal desde los receptores de KA hasta la proteína G tras la unión de glutamato. Más recientemente, en neuronas cultivadas del RDG, se ha propuesto que la interacción pudiera ocurrir a nivel de las subunidades, la subunidad GluR5 forma parte de un receptor canal y a la vez tiene actividad metabotrópica a través de una proteína G (Rozas *et al.*, 2003; Lerma, 2004).

Ruiz *et al.*, en 2005, estudiaron que la activación de KARs postsinápticos inhibe la corriente de K^+ activada por Ca^{2+} denominada I_{AHP} en la sinapsis fibra musgosa-CA3; mostraron que la subunidad KA2 del receptor de kainato es una pieza clave y necesaria para la función metabotrópica de los KARs postsinápticos. Han propuesto que los KARs postsinápticos operan de una manera bimodal, a través de distintos sitios de unión para el glutamato endógeno, el cual se une a la subunidad GluR6 para realizar una acción ionotrópica directa, en tanto que se une a la subunidad KA2 para activar un mecanismo acoplado a una proteína $G\alpha_q$, en la misma sinapsis. Sin embargo, los mecanismos moleculares exactos que asocian los receptores de kainato a la activación de las cascadas de señalización mediadas por la proteína G aún se desconocen.

Recientemente también se ha sugerido que las acciones metabotrópicas de los KARs pudieran implicar un mecanismo de autorregulación, a través del cual limita la excitabilidad neuronal mediante el control del número de receptores en la superficie de la membrana, proceso mediado por PKC (Rivera, *et al.*, 2007).

Además de lo ya discutido sobre el efecto depresor transitorio debido a la acción despolarizante de KA, se consideró lo propuesto por otros autores (Schmitz *et el.*, 2000), quienes han sugerido que la despolarización presináptica tiene un papel en el mecanismo inhibidor de la acción de KA. Basados en la observación de que los iones K^+ también producen un decremento de las eEPSCs, se reprodujo esta inhibición con 8 mM de K^+, obteniendo una depresión de la amplitud similar a la que produce KA 1 µM. A diferencia de lo observado en el efecto inhibidor de KA, se encontró que la depresión producida por 8 mM de K^+ no está regulada por los tratamientos que atenúan la función de la proteína $G_{i/o}$ o la actividad de PKA. Este contraste está de acuerdo con la opinión sugerida aquí, de que la inhibición mediada por KA difiere de una inhibición de las eEPSCs dependiente de la despolarización y que los dos paradigmas no son directamente comparables. Además, en las condiciones estudiadas, KA no despolariza sustancialmente los terminales de las fibras musgosas así que, de las acciones potenciales mediadas por los KARs presinápticos, la acción metabotrópica prevalece sobre la ionotrópica.

CAPÍTULO 8

KAR
Y LA VÍA AC/cAMP/PKA

a. Diseño experimental

La depresión de la liberación de glutamato por la activación de los KAR no involucra a la proteína quinasa C.

La activación de los KARs en interneuronas de la región CA1 del hipocampo puede inhibir la liberación de GABA. Se ha mostrado que esta acción requiere la activación de una proteína G sensible a PTX y de la proteína quinasa C (PKC; Rodríguez-Moreno y Lerma 1998; Rodríguez-Moreno y Sihra, 2007). Para investigar si un mecanismo similar podría ser el responsable de la depresión de la liberación de glutamato observada en la sinapsis MF-CA3, se estudió el efecto de KA sobre las eEPSCs después de incubar las rodajas (2-4 h) con calfostina C, un inhibidor altamente específico de la PKC. Los resultados obtenidos mostraron que este tratamiento no modificó la actividad depresora de KA sobre la amplitud de las eEPSCs (50.2 ± 10.3, $n = 8$; Fig. 11 A).

Para confirmar que el tratamiento con calfostina C era efectivo, y la calfostina estaba actuando en las rodajas, se estudió el efecto de KA sobre las corrientes postsinápticas inhibidoras provocadas (eIPSCs) en neuronas piramidales de CA1 en rodajas tratadas con calfostina C.

Para el registro de las eIPSCs se aplicó estimuló en el *stratum oriens*, en presencia de los bloqueantes de receptores de tipo AMPA y de tipo NMDA (SYM2206 100 µM y APV 50 µM, respectivamente). Como se ha descrito anteriormente (Rodríguez-Moreno y Lerma 1998; Rodríguez-Moreno *et al.* 2000), la aplicación de KA (3 µM) en rodajas no tratadas con calfostina redujo la amplitud de las eIPSCs (61.0 ± 3.6%, n = 5); este efecto de KA sobre las eIPSCs fue abolido significativamente en las rodajas tratadas con calfostina C (6.4 ± 4.3%, n = 5). Estos datos indicaron que la PKC estaba efectivamente siendo inhibida en las rodajas y que la inhibición de la liberación de glutamato mediada por activación de los KAR observada en la sinapsis MF-CA3 involucra un mecanismo diferente al descrito para la liberación de GABA.

El efecto depresor de KA sobre la liberación de glutamato involucra el sistema de transducción cAMP/PKA.

La cascada del cAMP es uno de los principales sistemas de segundos mensajeros que regulan la liberación de glutamato en las terminales de las MF (Huang *et al.* 1996; Weisskopf *et al.* 1994). Además, se ha observado recientemente que la facilitación de la liberación de glutamato mediada por KARs, es contingente con la activación de la proteína kinasa A (PKA; Rodríguez-Moreno y Sihra 2004) y dado que la PKC parece no tener una participación en la inhibición de la liberación de glutamato, esto llevó a determinar si el sistema de transducción cAMP/PKA estaba involucrado en la depresión producida por la activación de KARs en la sinapsis MF-CA3.

Para investigar la relación entre la activación de los KARs con la ruta cAMP/PKA, inicialmente se evitó la activación de la PKA dependiente de cAMP, tratando a las rodajas ya sea con Rp-Br-cAMP, un inhibidor competitivo de la activación mediada por cAMP de la subunidad reguladora de PKA, o con H-89, el cual inhibe directamente a la subunidad catalítica de la quinasa. Como se muestra en las Fig. 10 y 11, estos inhibidores previenen la acción depresora de KA sobre las eEPSCs en la sinapsis MF-

CA3. Rp-Br-cAMP sólo, produjo un pequeño decremento de la amplitud de la eEPSC (16.0 ± 6.6%, *n* = 4; Fig. 3, A, B), pero no afectó a la forma de las respuestas. En estas rodajas tratadas con Rp-Br-cAMP, KA (1 μM) produjo una pequeña y no significativa reducción de la amplitud de las eEPSC mediadas por NMDARs (3.6 ± 3.6%, *n* = 8; Fig. 10 A, B; Fig. 11 A, B), indicando una abolición completa del efecto de KA sobre las eEPSCs.

Además, se observó que en todo el rango de concentraciones de KA empleadas, su efecto inhibidor fue abolido en las rodajas que fueron tratadas con Rp-Br-cAMP, en comparación con aquellas no tratadas (Fig. 11 B).

En otra serie de experimentos, se aplicó a las rodajas el inhibidor de la subunidad catalítica de la PKA, H-89 (10 μM); la administración posterior de KA (1 μM) produjo sólo un pequeño decremento de la amplitud de las eEPSCs (16.3 ± 4.9%, *n* = 6; Fig. 11 A), mostrando nuevamente que la inhibición de la PKA de esta otra manera también impide el efecto depresor del KA sobre la liberación de glutamato.

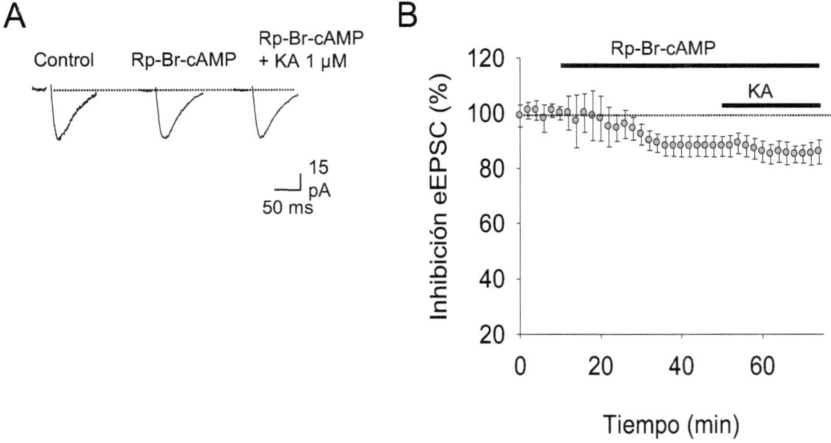

Fig. 10. La inhibición de la PKA previene el efecto inhibidor de KA. En ***A*** se muestran registros donde KA (1 μM) no afecta a la amplitud de la corriente del componente NMDA en rodajas tratadas con Rp-Br-cAMP. En ***B*** se observa el curso temporal del efecto de Rp-Br-cAMP sobre la amplitud normalizada de la eEPSC, se aprecia una ligera reducción de la amplitud de las eEPSCs y que la aplicación posterior de KA no tiene un efecto significativo sobre dicha amplitud.

Si fuera necesario un decremento en los niveles de cAMP para la depresión de la liberación de glutamato mediado por la activación de receptores de KA, evitando ese decremento debería bloquearse dicho efecto. De acuerdo a lo anterior, se trataron las rodajas con el análogo de cAMP, Sp-8-CPT-cAMPs (100 µM), al cual es permeable la membrana y puede mantener la actividad de la PKA a un nivel constante y elevado. Se realizaron experimentos primero aplicando Sp-8-CPT-cAMPs en el baño, bajo esta condición el análogo de cAMP produjo un claro incremento de la amplitud de las eEPSCs (218 ± 46 %, n = 3); posteriormente se hicieron experimentos incubando las rodajas con el análogo de cAMP durante 2 h. En ambas situaciones, la administración de KA (1 µM) produjo una ligera y pequeña disminución de la amplitud media de las eEPSCs, estadísticamente no significativa. Los datos en ambos grupos no fueron diferentes en función del modo de aplicación del análogo y por tanto fueron reunidos en un solo grupo (5.3 ± 3.7 %, n = 6; Fig. 12, *A* y *B*).

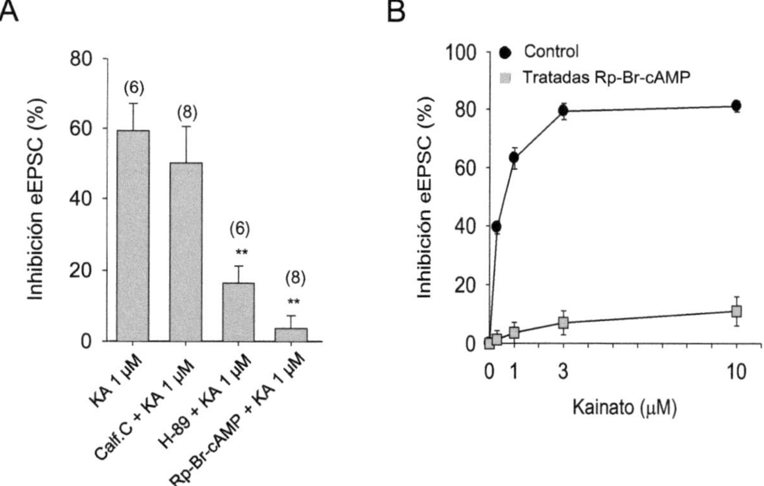

Fig. 11. La inhibición de la liberación de glutamato mediada por la activación de los KARs requiere de la activación de la PKA y no de la PKC. ***A***: La inhibición de la PKA por H-89 (10 µM) y Rp-Br-cAMP (100 µM) previno la acción de KA (**P < 0.01). La inhibición de la PKC por calfostina C no tuvo efecto sobre la acción de KA. ***B***: Efecto de Rp-Br-cAMP a lo largo de todo el rango de concentraciones de KA que produjeron inhibición. En las rodajas tratadas con Rp-Br-cAMP, KA no produjo ningún decremento de la amplitud de las eEPSCs mediadas por NMDAR a ninguna de las concentraciones de KA empleadas (**P < 0.01, test t de Student).

La depresión de la liberación de glutamato producida por la activación de los receptores de tipo KA involucra a la adenilato ciclasa.

Para delimitar de forma más completa la ruta intracelular involucrada en la depresión de la liberación de glutamato mediada por la activación de KARs en la sinapsis MF-CA3, se usó forscolina (FSK), un activador de la adenilato ciclasa (AC) para incrementar su producción de cAMP y así aumentar la actividad de la PKA. La forscolina fue aplicada al baño mientras se registraba la transmisión sináptica, se adicionó IBMX para mantener altos los niveles de cAMP inactivando las fosfodiesterasas que lo degradan. La forscolina (30 µM) + IBMX (5 µM) causaron un incremento del 350 ± 33% de la amplitud de las eEPSCs mediadas por NMDAR (*n* = 6; Fig. 13 *A y B*), efecto dependiente del incremento en los niveles de cAMP y de la subsecuente activación de PKA (Weisskopf *et al.* 1994).

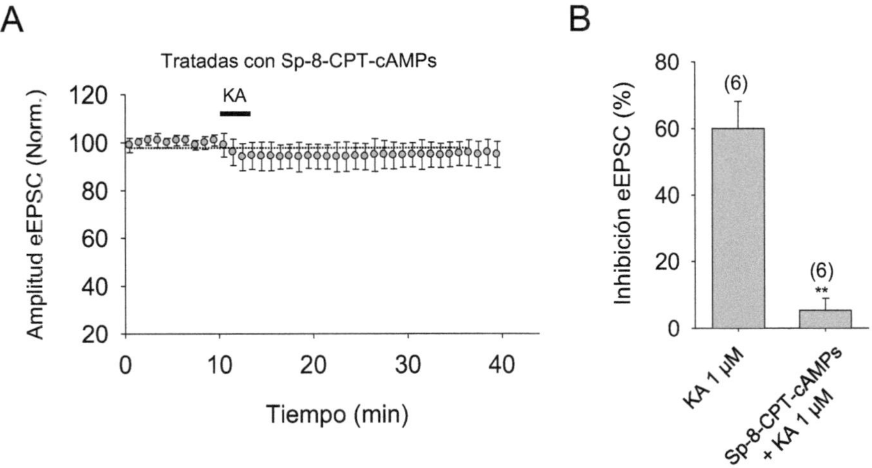

Fig. 12. La elevación de los niveles intracelulares de cAMP previene la depresión de la liberación de glutamato mediada por la activación de KARS. ***A***: curso temporal del efecto de KA (1 µM) sobre la amplitud de las eEPSCs en rodajas tratadas con Sp-8-CPT-cAMP. Se observa que en esta situación no hay un efecto significativo sobre la amplitud de las eEPSCs. ***B***: cuantificación del efecto de KA en rodajas tratadas con Sp-8-CPT-cAMP. El número de experimentos está indicado en paréntesis. Los resultados están expresados en medias ± EEM (** $P < 0.01$, test *t* de Student).

En las rodajas estimuladas se incrementó la acción de KA (1 µM) sobre la amplitud de las eEPSCs mediadas por NMDAR, induciendo un depresión mucho mayor (85 ± 4%, *n* = 14 frente a 63. 3 ± 3.7%, *n* = 35) que en rodajas no tratadas con forscolina + IBMX (Fig. 13 y 14). Con concentraciones de KA más bajas el efecto fue mucho más evidente, así KA a 0.3 µM produjo un decremento, casi a la mitad, de la amplitud de las eEPSCs (76 ± 7%, *n* = 6) en la rodajas tratadas con FSK + IBMX, respecto al decremento (39.4 ± 2.1%, *n* = 16) observado en las rodajas no tratadas (Fig. 14).

Se ha descrito que la potenciación de la transmisión sináptica en CA3 inducida por forscolina es prolongada (Weisskopf *et al.* 1994; Tong *et al.* 1996), por ello también se realizaron experimentos donde KA se aplicó después de la incubación con FSK durante 1 h, en ambos casos se obtuvieron resultados muy similares.

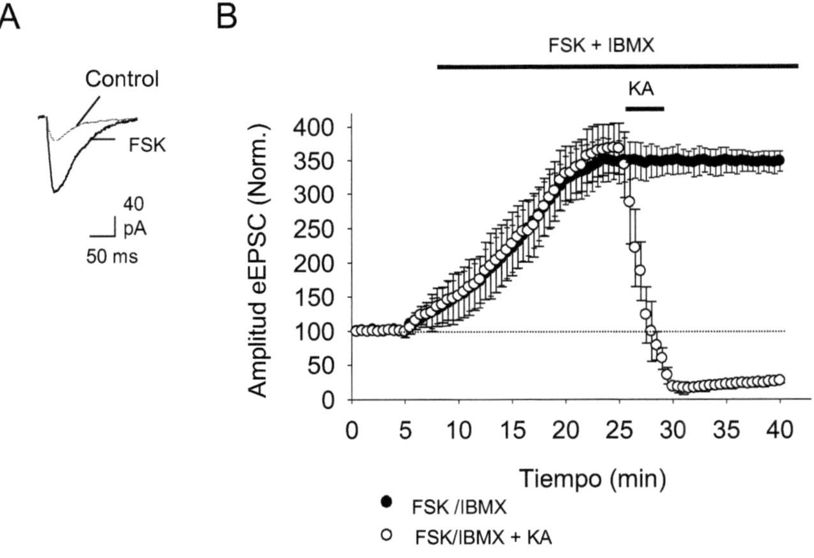

Fig. 13. En ***A*** se muestra que la forscolina (FSK, 30 µM) + IBMX (5 µM) produjeron un pronunciado incremento de la amplitud de las eEPSCs mediadas por NMDAR. En ***B*** los círculos llenos representan la suma de los experimentos (*n* = 6) donde la forscolina se aplicó continuamente. Después que el efecto de la forscolina alcanzó un nivel estable, se administró KA (1 µM) el cual produjo un brusco y marcado decremento de la amplitud de las eEPSCs (círculos vacíos).

Para confirmar que la forscolina realmente estaba activando específicamente a la PKA, se administró 1,9-dideoxiforscolina (30 μM), un isómero inactivo y se encontró que no tuvo acción sobre el efecto depresor de KA (Fig. 14), lo que indica que el efecto observado se debe a una acción específica de FSK sobre la PKA.

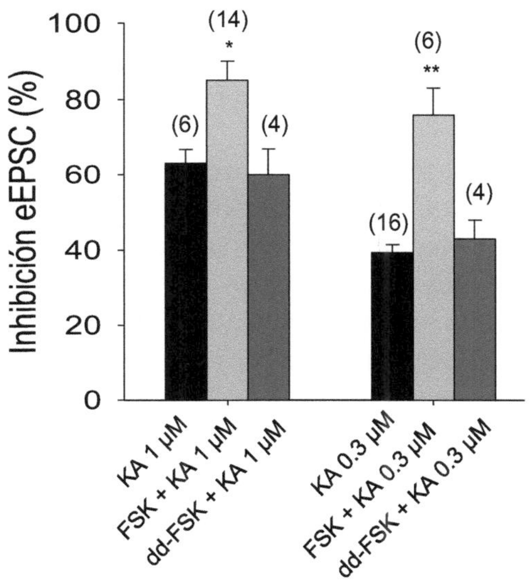

Fig. 14. Resumen de los experimentos en los cuales KA (1 μM ó 0.3 μM) fue aplicado a rodajas tratadas con forscolina (30 μM) o con dideoxiforscolina (dd-FSK, 30 μM). El número de experimentos está indicado en paréntesis (*P < 0.05; **P < 0.01; test t de Student).

Finalmente, se probaron otros paradigmas para estimular a la AC y se encontró que producían una potenciación similar de la acción de KA. Después de aplicar isoproterenol (1 μM), un agonista de los receptores β-adrenérgicos que también activa a la AC (Huang y Kandel 1996), KA (1 μM) produjo una depresión mayor (83 ± 8% de inhibición, n = 4) de la amplitud de las eEPSCs, lo cual indica que la AC participa en la vía activada por KA y que su nivel de activación tiene consecuencias sobre el grado de depresión de la liberación de glutamato mediada por los KAR.

La depresión de la liberación de glutamato producida por la activación de los KAR no está mediada por una despolarización presináptica.

Algunos autores (Schmitz *et al.* 2000) han sugerido que la despolarización presináptica tiene un papel en el mecanismo inhibidor de la acción del KA, basados en la observación de que los iones K^+ también producen un decremento de la amplitud de las eEPSCs. Se llevaron a cabo experimentos comparando la naturaleza de los efectos de K^+ sobre la amplitud de las eEPSCs, con aquellos producidos por la aplicación de KA, en rodajas intactas y en rodajas tratadas con PTX y Rp-Br-cAMP (Fig. 15 y 16).

Los resultados muestran que una concentración elevada de K^+ (8 mM) produce un decremento de las eEPSCs similar al inducido por KA (1 µM); sin embargo, los cursos temporales de la recuperación son claramente diferentes, mientras que la depresión inducida por K^+ se recupera rápidamente (6 min) tras el lavado de K^+, la recuperación de la reducción de la amplitud de las eEPSCs causada por KA es mucho más lenta (1 h), tal como se ha descrito en párrafos anteriores (Fig. 15 A). Para investigar si este efecto de K^+ era afectado por la proteína G sensible a toxina pertúsica, se emplearon rodajas que habían sido tratadas con PTX. Se encontró nuevamente que K^+ (8 mM) mostró el mismo efecto (recuperación en 6 min) que en las rodajas no tratadas, mientras que el efecto de KA fue abolido (Fig. 15, B); indicando que el mecanismo por el cual K^+ y KA reducen la liberación de glutamato es diferente, es decir, la depresión inducida por K^+ no depende de una proteína G, pero sí la producida por KA.

En un experimento similar, se trataron las rodajas con Rp-Br-cAMP (inhibidor competitivo usado en experimentos previos) para prevenir la activación de la PKA; en estas condiciones se aplicó K^+ (8 mM) ó KA (1 µM). Se observó que nuevamente el efecto de K^+ es transitorio (6 min) y la corriente se recupera con relativa rapidez, no así la depresión mediada por la activación de los KAR, que se recupera mucho más lentamente (1 h; Fig. 16, A), indicando que son diferentes los mecanismos por los cuales ambos tratamientos reducen la liberación de glutamato, pues el de K^+ no requiere de la activación de la PKA y, sin embargo, el de KA sí.

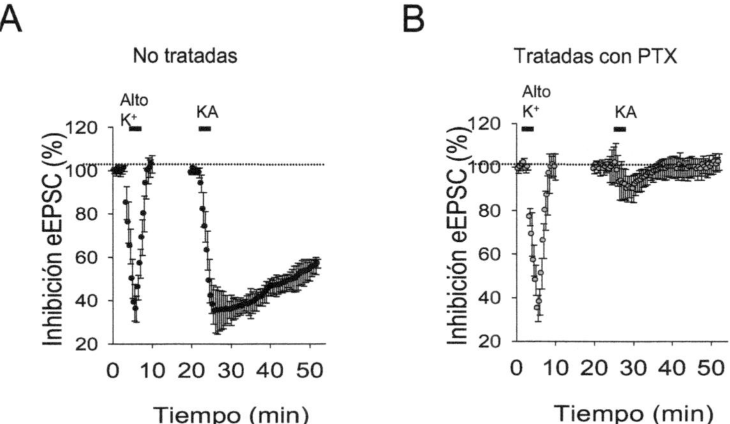

Fig. 15. La inhibición mediada por la activación de los KAR no está mediada por un efecto despolarizante de KA. ***A***: K^+ (8 mM) produce un decremento de la amplitud de la eEPSC mediada por NMDAR, la cual se recupera rápidamente después de retirarlo de la solución extracelular. En la misma rodaja, KA (1 μM) produjo una disminución de las eEPSCs similar a su efecto en las rodajas intactas. ***B***: en rodajas pretratadas con PTX, K^+ tuvo el mismo efecto que en las rodajas no tratadas con PTX y además KA no produjo ningún decremento significativo sobre la amplitud de las eEPSCs.

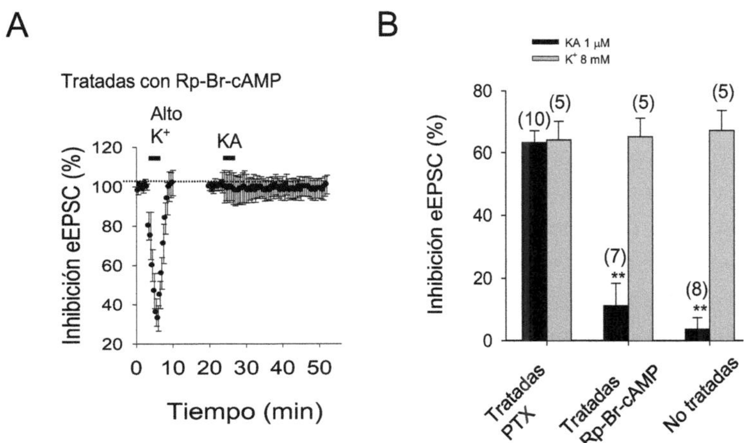

Fig. 16. ***A*** En rodajas tratadas con Rp-Br-cAMP, K^+ (8 mM) produjo un decremento de la corriente mediada por NMDAR, como en las rodajas no tratadas, sin embargo KA no tuvo efecto significativo. En ***B*** se resumen los resultados obtenidos en rodajas controles, tratadas con PTX y tratadas con Rp-Br-cAMP. Los valores en paréntesis indican el número de neuronas registradas (***P* <0.01, test *t* de Student).

Los datos obtenidos con K^+ contrastan con la abolición de los efectos depresores de KA por la aplicación de inhibidores de la proteína G y de la PKA (Fig. 16 B). Estos resultados indican que la inhibición mediada por KA estudiada aquí, difiere de una inhibición de las eEPSCs dependiente de despolarización y que los dos procesos son probablemente independientes.

b. Discusión

La activación (o desactivación) de una proteína G tras la activación de los KARs podría dar lugar a una depresión de la transmisión sináptica por medio de una interacción directa con canales de calcio (ej., actuando a través de una vía intrínseca a la membrana; De Ward *et al.*, 1997) o, alternativamente, a través de un mecanismo que involucre algún mensajero soluble (y activación de proteínas quinasa), tal como se ha propuesto para la modulación de la liberación de GABA (Rodríguez-Moreno y Lerma 1998; Rodríguez-Moreno *et al.*, 2000) o de glutamato (Rodríguez-Moreno y Sihra, 2004).

Se ha descrito que el incremento en la liberación de glutamato producido por bajas concentraciones de KA es mediado por la activación de una cascada AC/cAMP/PKA en la sinapsis MF-CA3 (Rodríguez-Moreno y Sihra, 2004; Rodríguez-Moreno y Sihra, 2007); no obstante, este incremento no parece depender de la activación de una proteína G. En el presente estudio se muestra un mecanismo nuevo para la acción de los KARs en el SNC; la activación de estos receptores induce una inhibición de la liberación de glutamato empleando la cascada AC/cAMP/PKA, semejante a lo descrito para la facilitación, sin embargo difieren en que esta depresión de la liberación de glutamato sí depende del nivel de activación de una proteína G sensible a toxina pertúsica.

El efecto prolongado de KA sobre la liberación de glutamato que se ha mostrado está a favor de una acción metabotrópica de los KAR, que está mediada por cAMP como un mensajero soluble, dado que la acción del agonista fue atenuada ya sea por la inhibición de la PKA (usando Rp-Br-cAMP o H-89), ocluida por manipulaciones que mantienen la actividad de la

PKA constante (usando Sp-8-CPT-cAMPs) o aumentada por estimulación de la AC (usando forscolina o un agonista para receptores de tipo β-adrenérgico). Esto significa que KA inhibe más fácilmente la liberación de glutamato después de un incremento en los niveles de cAMP. De hecho, ya se ha descrito en las MFs una potenciación similar de la reducción de las eEPSCs empleando L-CCG-I, que inhibe a la AC además de ser agonista de los mGluR II (Tzounopoulos *et al.*, 1998). Por lo tanto, aquí se propone la posibilidad de que los KARs presentes en los terminales de las MFs estén acoplados negativamente a la AC, inhibiendo su producción de cAMP en presencia de concentraciones relativamente altas del agonista.

La inhibición producida por KA puede interpretarse como un menor tono de fosforilación mediado por la PKA, induciendo una disminución del influjo de Ca^{2+} a los botones sinápticos de la MF, lo que llevaría a un decremento de la liberación de glutamato en ese sitio. De hecho, la entrada de Ca^{2+} en el terminal sináptico inducido por el potencial de acción es reducido por KA en la MF (Kamiya y Ozawa 2000). Estos resultados se asemejan a los descritos para los receptores mGluR del grupo II (Pin y Duvoisin 1995; Tzounopoulos *et al.* 1998), los cuales suprimen la actividad de la AC a través del acoplamiento a una proteína $G_{i/o}$. Sin embargo, debido a la persistencia de la acción depresora de KA sobre la liberación de glutamato en presencia de antagonistas para los mGluRs, es poco probable que el efecto de KA se deba a una acción indirecta mediada por la activación de estos receptores metabotrópicos de glutamato.

Resultaría de sumo interés determinar la relevancia fisiológica exacta de esta acción de KA sobre la vía de señalización cAMP/PKA, pues glutamato endógeno ha mostrado que accede y activa a estos autorreceptores presinápticos (Schmitz *et al.* 2000).

CAPÍTULO 9

KAR Y LOS RECEPTORES METABOTRÓPICOS DEL GRUPO II

a. Diseño experimental

La activación de KAR produce una depresión de la liberación de glutamato similar a la mediada por la activación los receptores metabotrópicos de glutamato del grupo II.

Se examinó el efecto de la activación de los KARs y de los receptores metabotrópicos de glutamato del grupo II (mGluR2 y mGluR3), para comparar la depresión de la liberación del neurotransmisor mediada por cada uno de estos sistemas. Para ello se analizó el efecto de KA y de DCG-IV, un agonista de los receptores metabotrópicos de glutamato del grupo II (mGluR II) sobre la transmisión sináptica mediada por receptores de tipo NMDA en la sinapsis MF-CA3.

Los experimentos se realizaron en presencia de SYM2206, bicuculina, SCH50911 y glicina, a las concentraciones señaladas en experimentos anteriores. Como se ha descrito en párrafos anteriores, KA (1 µM, aplicado durante 4 min) produjo una disminución de la amplitud de las eEPSCs en la sinapsis MF-CA3 (63 ± 6%) y la aplicación de DCG-IV (0.1 µM, también durante 4 min) produjo un decremento de la corriente muy similar al del efecto de KA (61 ± 7%, *n* = 12, Fig. 17, A, B; Fig. 19, A). Después de la aplicación de DCG-IV (0.1 μM) durante 4 minutos y de su posterior lavado, la respuesta se recuperó totalmente en un lapso de 1 h (Fig. 18 A). En presencia constante de DCG-IV la depresión persiste y es estable (Fig. 18 B). Al final de cada uno de estos experimentos, para determinar si era posible inducir una depresión adicional a la ya producida por el agonista y al mismo tiempo determinar que se estaban activando fundamentalmente fibras musgosas, se aplicó DCG-IV a una concentración mayor (2 μM) y se observó que efectivamente así ocurre, pues la respuesta fue abolida completamente (Fig. 18, A, B).

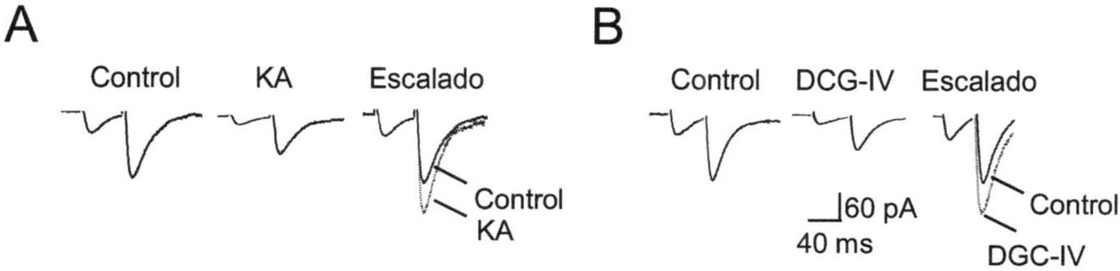

Fig. 17. La activación de receptores presinápticos de KA y mGluR II deprime la liberación de glutamato en la sinapsis MF-CA3. Los registros ilustran el efecto de KA (1 μM, en ***A***) y de DCG-IV (0.1 μM, en ***B***) sobre la amplitud de las eEPSCs mediadas por NMDAR. Nótese que ambos agonistas producen un incremento en la facilitación por pares de pulsos (PPF, registros escalados superpuestos).

Los mecanismos mediante los cuales la activación de los KAR y de los mGluR II reducen la liberación de glutamato son de origen presináptico.

Se investigó el efecto sobre la facilitación por pares de pulsos (PPF, *paired-pulse facilitation*) de la activación de los mGluRs II para confirmar que, efectivamente, la activación de mGluR II muestra un sitio de acción presináptico, como ha sido descrito y verificar que era semejante a lo encontrado aquí en los experimentos en los que se activan los receptores de kainato.

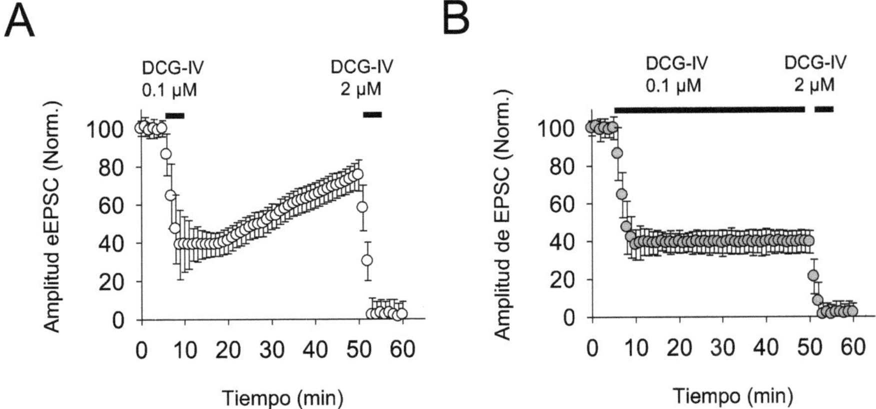

Fig. 18. Curso temporal del efecto de DCG-IV (0.1 µM) durante 4 minutos de aplicación (***A***) y en presencia constante del agonista (***B***), se observa que la depresión se recupera lentamente y persiste en tanto el agonista se encuentre en el baño. Al final del experimento se aplicó DCG-IV a una concentración de 2 µM y bloqueó completamente la transmisión sináptica.

Como se ha descrito antes, la aplicación de KA (1 µM) produjo un incremento en la facilitación por pares de pulsos (2.7 ± 0.4 en control y 4.4 ± 0.4 con KA); de manera semejante, el DCGIV (0.1 µM) produjo también un incremento en la PPF (4.2 ± 0.4, *n* = 8 frente a 2.8 ± 0.4, *n* = 8; Fig. 17 A y B; Fig 19 B); el intervalo interestímulo fue de 40 ms. Ambos resultados son coherentes con un mecanismo de acción presináptico y están de acuerdo con lo que se ha descrito previamente (Kamiya *et al*., 1996).

Estos resultados, indican que la activación tanto de los KAR como de mGluR II produce un efecto similar sobre la liberación de glutamato y ya que ambos tipos de receptores están localizados presinápticamente y están acoplados negativamente a la AC y a la formación de cAMP (Conn y Pin, 1997; Anwyl, 1999; De Blasi *et al*., 2001) es posible que usen la misma cascada de señalización intracelular.

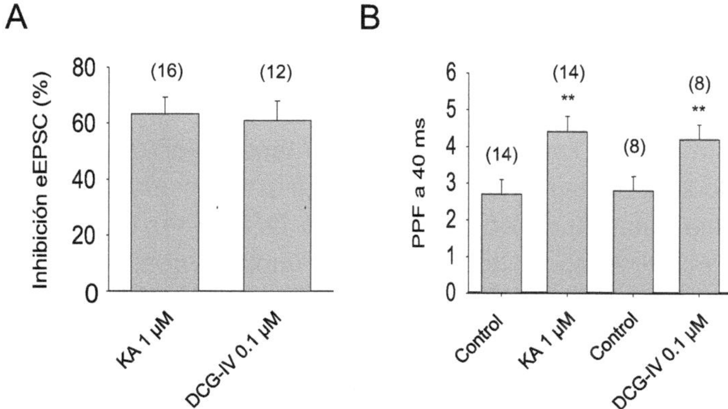

Fig. 19. Cuantificación de los efectos de KA y del DCG-IV sobre la amplitud de las eEPSCs (***A***) y sobre la facilitación por pares de pulsos, a un intervalo de 40 ms, ***B***). El número de rodajas usadas para cada uno de los protocolos está indicado en paréntesis (***P* < 0.01, test *t* de Student).

La depresión de la liberación de glutamato mediada por la activación de los receptores de KA es ocluida por la activación de los receptores metabotrópicos de glutamato del grupo II.

Para determinar si los mecanismos de acción de los KARs y de los mGluR tipo II convergen para modular la liberación de glutamato, o si están localizados en diferentes compartimientos (espacial o funcionalmente) para regular independientemente dicha liberación, se midió el efecto de KA (1 µM) en presencia constante de DCG-IV (0.1 µM). El agonista de los mGluR II produjo un decremento de la amplitud media de las eEPSCs, como se describió previamente. Una vez que se observó estable esta reducción se administró KA (1 µM), el cual en tales condiciones sólo produjo un pequeño y no significativo decremento adicional de la amplitud de las eEPSCs (14 ± 6%, *n* = 10, i.e. 67 ± 6%, de inhibición de la eEPSC, frente a 62 ± 6%, *n* = 10; Fig. 20 A, B). Estos resultados indican que la activación de receptores metabotrópicos de glutamato del grupo II (con DCG-IV 0.1 µM) ocluye el efecto depresor que ejerce la activación de receptores de tipo KA sobre la liberación de glutamato en la sinapsis MF-CA3.

La activación de los receptores de KA ocluye la depresión de la liberación de glutamato mediada por la activación de los receptores metabotrópicos del grupo II.

Posteriormente se llevó a cabo el experimento inverso, se aplicó KA (1 µM) durante todo el experimento, el cual redujo la amplitud de las eEPSCs y una vez estable esta depresión se administró DCG-IV (0.1 µM) que causó sólo una pequeña disminución adicional de la amplitud media de las eEPSCs mediadas por los receptores de tipo NMDA que no fue estadísticamente significativa (16 ± 5%, n = 9, i.e. 67 ± 5% de inhibición de la amplitud de las eEPSCs frente a 60 ± 8%, n = 9; Fig. 21 A, B).

Estos resultados indican que la activación de los KARs y de los mGluRs II produce un efecto similar sobre la liberación de glutamato, posiblemente utilizando la misma cascada de señalización intracelular.

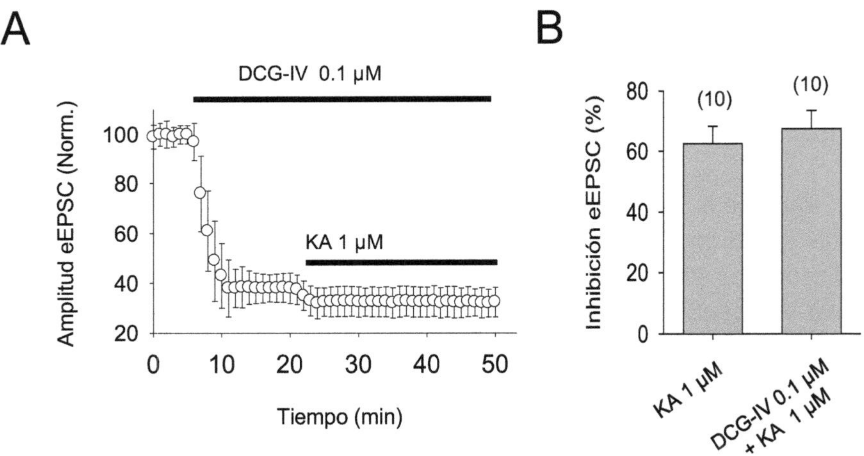

Fig. 20. La inhibición mediada por la activación de los KAR es ocluida por activación de los mGluR II. En ***A*** se observa el curso temporal del efecto de DCG-IV (0.1 µM) sobre la liberación de glutamato y el efecto posterior de KA (1 µM); nótese que en estas condiciones KA produce sólo una mínima reducción adicional de la amplitud de las eEPSCs. En ***B*** se muestran cuantificados los efectos de KA en rodajas control y en otras que han sido previamente tratadas con DCG-IV.

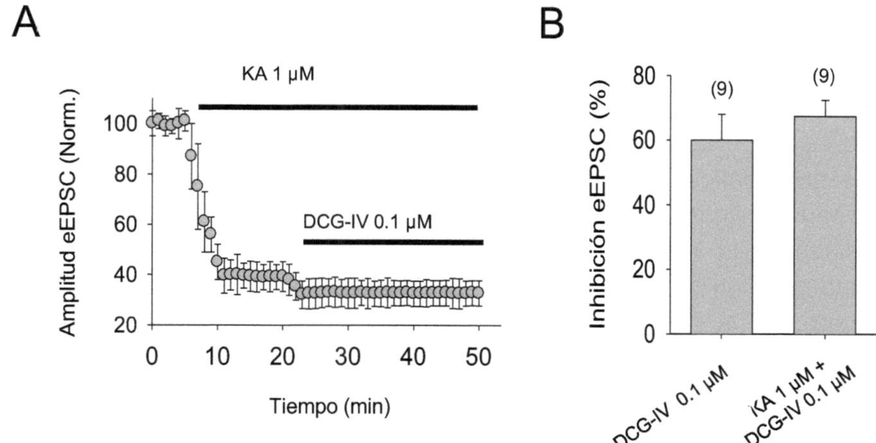

Fig. 21. La inhibición producida por la activación de los mGluR II es ocluida por activación de los KARs. En ***A*** se observa el curso temporal del efecto del KA (1 µM) sobre la liberación de glutamato y el efecto de la posterior aplicación del DCG-IV (0.1 µM). DCG-IV produce sólo una mínima reducción adicional de la amplitud de las eEPSCs, comparada con la observada en los controles. En ***B*** se muestran cuantificados los efectos de DCG-IV sólo y de DCG-IV en rodajas tratadas previamente con KA. El número de rodajas para cada experimento está indicado en paréntesis sobre cada barra.

b. Discusión

Los resultados muestran que las acciones mediadas por los KARs y los mGluR del grupo II se ocluyen mutuamente en el proceso de inhibición de la liberación de glutamato en la sinapsis MF-CA3. Se reprodujeron experimentos empleando una concentración de DCG-IV (0.1 µM) que se ha descrito produce aproximadamente 60% de decremento de la amplitud media de la eEPSCs, semejante a la que se observó para KA (1 µM). Con estas concentraciones de los agonistas, se observó en ambos casos un claro incremento en la facilitación por pares de pulsos, sugiriendo que los KARs y los mGluR grupo II presinápticos fueron responsables del decremento, tal como se ha descrito previamente (Kamiya *et al.*, 1996).

En las condiciones experimentales descritas y produciendo una depresión sub-máxima con cada uno de los agonistas, si el mecanismo de inhibición de los KARs y de mGluR grupo II fueran independientes, entonces aún podría observarse una reducción adicional considerable de la amplitud media cuando se aplicara el segundo agonista. Sin embargo no fue así, en presencia continua ya sea del agonista de KAR o de los mGluRs del grupo II, el segundo ligando sólo produjo una pequeña e insignificante reducción adicional de la amplitud de la eEPSC. Estos resultados indican una clara y mutua oclusión de las acciones de los KAR y de los mGluRs grupo II, con respecto a la depresión sináptica mediada por cada uno de manera independiente en la sinapsis MF-CA3.

Ya que la oclusión observada fue prácticamente completa, este resultado indica que posiblemente los KARs y los mGluRs del grupo II están co-localizados en el mismo terminal, muy próximos espacialmente y que puede existir por tanto una convergencia de sus mecanismos, debido a que utilizan una cascada de señalización intracelular común.

CAPÍTULO 10

KAR EN LA PLASTICIDAD SINÁPTICA DE LARGA DURACIÓN

a. Diseño experimental

La inducción de LTD ocluye la inhibición de la liberación de glutamato mediada por la activación de los receptores de kainato.

Se realizaron experimentos para dilucidar si la activación de los KARs tiene alguna influencia sobre la depresión de larga duración (LTD). Se realizaron registros de potenciales postsinápticos excitadores provocados de campo (fEPSPs). Se estimuló en las MF y se registró en el área CA3, a una tasa de estimulación basal de 0.1 Hz. Al igual que se ha mostrado previamente sobre las eEPSCs, la adición de KA (300 nM) causó una depresión de la amplitud de los fEPSPs (38 ± 3%, *n* = 8; Fig. 22, A). Posteriormente se llevaron a cabo experimentos de inducción de LTD: se registró durante 10 min. a 0.1 Hz, después se aplicó un protocolo estándar de inducción de LTD (estimulación a 1 Hz durante 15 min, *low frequency stimulation*, LFS). Se observó una robusta facilitación, típica de esta sinapsis (Fig. 22 B).

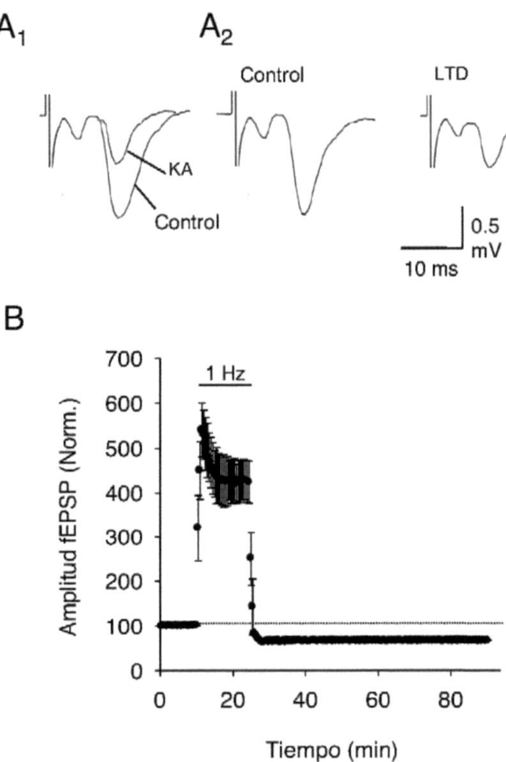

Fig. 22. LTD inducida por estimulación de baja frecuencia. En **A₁** se ilustran registros de fEPSPs que muestran la reducción de la amplitud provocada por KA (300 nM) en la sinapsis MF-CA3 en rodajas control; en **A₂** se muestra el efecto en la amplitud de los fEPSP después de la aplicación del protocolo de inducción de LTD (1 Hz durante 1 min). En **B** se observa el curso temporal de las respuestas durante el experimento completo. Los datos están representados como la amplitud normalizada (Norm.) de los fEPSPs (línea base = 100%), nótese la depresión de la amplitud posterior a la LFS, la cual dura más de 1 h (datos de 15 experimentos).

Tras la aplicación del protocolo de inducción de LTD se retornó a la estimulación basal (0.1 Hz); los datos mostraron una depresión persistente (37 ± 3%, n = 15) o LTD, de la amplitud de los fEPSPs que se prolongó por más de 60 min. tal y como se ha descrito anteriormente (Kobayashi et al., 1996; Yokoi et al., 1996; Tzounopoulos et al., 1998; Fig. 22).

Para determinar si la depresión sináptica observada por aplicación del protocolo de inducción de LTD y la causada por KA muestran un mecanismo común se realizaron experimentos de oclusión. En el primero de estos experimentos se encontró que una vez obtenida la LTD, la aplicación de KA (300 nM) produjo una pequeña reducción adicional de la amplitud de los fEPSPs, estadísticamente no significativa (5 ± 4%, n = 7, en vez del 39 ± 4% de inhibición observada en los controles). Este resultado se muestra superpuesto y escalado en la Fig. 23 A, B y cuantificado en la Fig. 26.

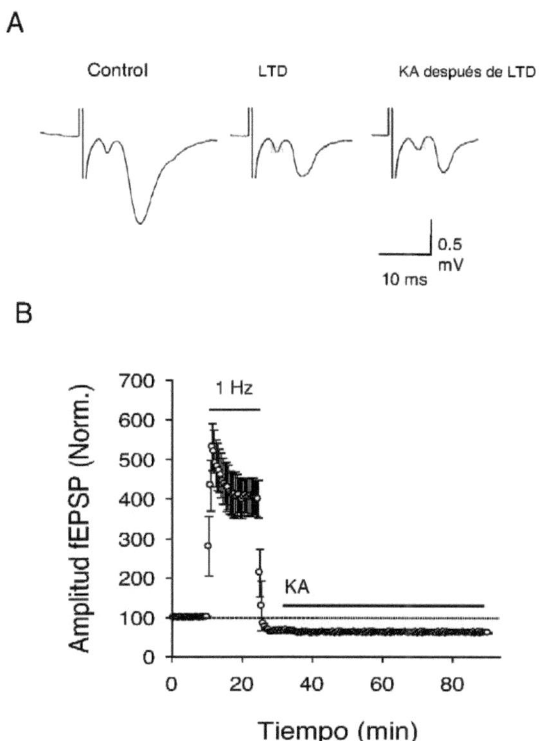

Fig. 23. La LTD ocluye la acción inhibidora de KA. En **A** se observa la reducción de la amplitud de los fEPSPs después de la aplicación del protocolo de LFS y que la adición posterior de KA (300 nM) no tiene efecto significativo sobre dicha amplitud. En **B** se observa que después del protocolo de inducción de LTD, KA produjo una reducción insignificante de la amplitud normalizada de estos fEPSPs.

La ausencia de efecto de KA tras la inducción de LTD, contrasta clara y marcadamente con el efecto robusto de 300 nM de KA observado en las rodajas control (38 ± 3%; Fig. 22, A, B). Con propósitos comparativos, la Fig. 24 A ilustra, una vez normalizadas las respuestas sinápticas, la reducción de la amplitud de los fEPSPs inducida por LFS sin aplicar KA y el efecto de LFS seguido de la aplicación de KA. De manera semejante, en la Fig. 24 B, se observa el porcentaje al que disminuye la amplitud después de administrar sólo KA (300 nM) y cuando se aplica KA después de inducir la LTD.

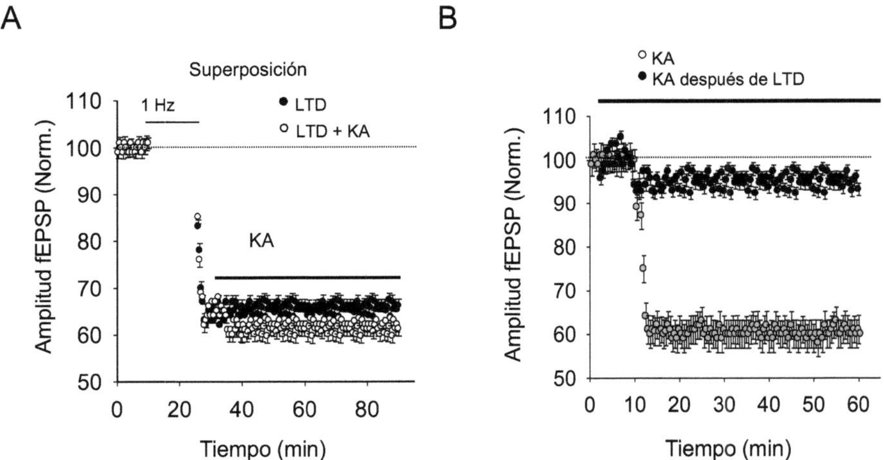

Fig. 24. ***A*** Superposición de los cursos temporales normalizados de la LTD y de LTD + KA. ***B*** Comparación del efecto de KA en rodajas intactas (sin LFS, círculos grises) con las que han sido sometidas a LTD antes de aplicar KA (círculos negros, los valores de los últimos fueron normalizados de 23 B y 24 A). Puede observarse que la LTD previa ocluye el efecto del KA.

La depresión de la liberación de glutamato mediada por la activación de los receptores de KA ocluye la inducción de LTD.

Para determinar si la depresión mediada por KA podría ocluir la LTD, se llevó a cabo el experimento inverso: se aplicó KA (300 nM) en la solución extracelular y una vez observada la reducción característica en la amplitud de los potenciales, se intentó inducir LTD en las fibras musgosas con LFS.

Se encontró que aunque KA produjo un claro decremento de la amplitud de los fEPSPs (40 ± 6%, *n* = 5), la subsecuente aplicación del protocolo de LTD produjo sólo un pequeño decremento adicional estadísticamente no significativo, de la amplitud de los fEPSPs (8 ± 5%, *n* = 5, en vez del 43 ± 5% de inhibición observada en los controles, Fig. 25). Estos datos indican una clara oclusión de la LTD por la administración previa de KA.

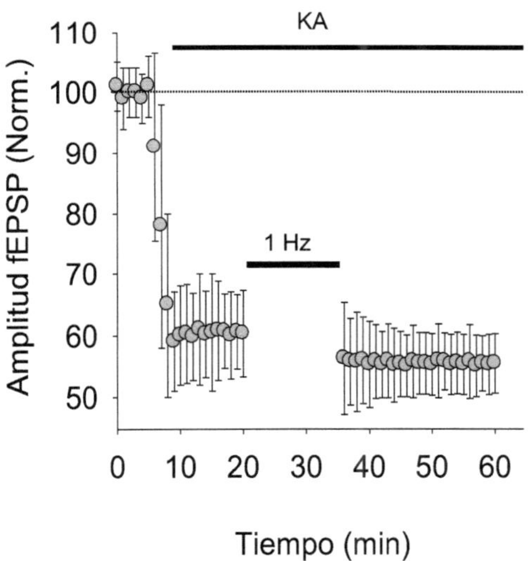

Fig. 25. La administración de KA ocluyó la inducción de LTD. Se muestra el curso temporal de la amplitud normalizada de los fEPSPs antes y después de la depresión mediada por KA, la subsecuente aplicación de LFS no indujo LTD.

La inducción de LTD también ocluye la depresión de la liberación de glutamato producida por la activación de los KAR cuando se registran corrientes postsinápticas excitadoras provocadas (EPSC).

Aunque en los experimentos precedentes se usaron concentraciones bajas de KA para evitar la activación de otros receptores además de los de kainato, los efectos observados sobre la amplitud de los fEPSPs pueden, sin embargo, no reflejar la activación directa de KARs, debido a que los receptores de tipo AMPA no estaban bloqueados y no se fijó el voltaje de las células piramidales de CA3.

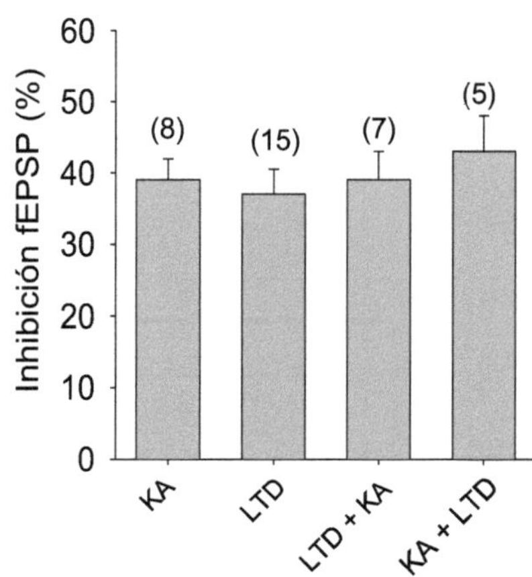

Fig. 26. Resumen de los resultados de los experimentos de oclusión, empleando fEPSPs. La reducción de la amplitud inducida por KA, LTD o por ambos (LTD + KA y KA + LTD) fue muy similar. El número de experimentos para cada protocolo está indicado en paréntesis, sobre la barra correspondiente.

Por lo tanto, para confirmar los resultados obtenidos con el análisis de las amplitudes de los fEPSPs, se realizaron una serie adicional de experimentos empleando la técnica de *patch clamp* en su configuración de célula completa. Se obtuvieron registros del soma de células piramidales de CA3 en presencia de SYM2206 (100 μM) para bloquear los receptores de tipo AMPA. En estas condiciones, KA (300 nM) produjo un decremento de la amplitud de las eEPSCs mediadas por los receptores de tipo NMDA (40 ± 8%, *n* = 8; Fig. 27 A_1, 28 B, 29 A, B). Por otra parte, en otros experimentos, se aplicó el protocolo de LTD (LFS) y se obtuvo una depresión similar y duradera (37 ± 9 %, *n* = 7; Fig. 27 B) de las eEPSCs.

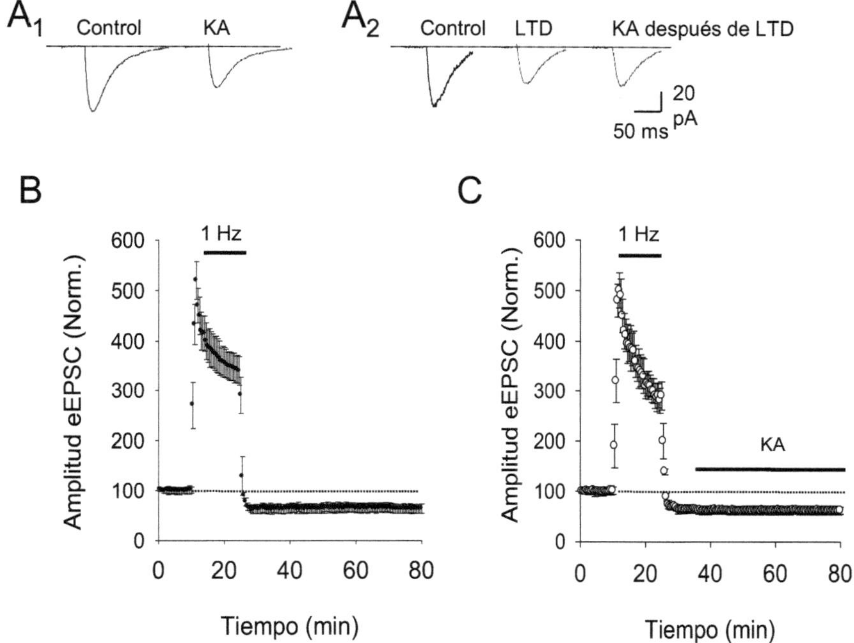

Fig. 27. La LTD ocluye el efecto de KA en experimentos en los que se midieron eEPSCs. ***A_1*** Registros que muestran la reducción de la amplitud de las eEPSCs después de la adición de KA (300 nM). ***A_2*** Registros que muestran la amplitud reducida de las eEPSCs tras aplicar LFS (1 Hz durante min) y la ausencia de un efecto depresor adicional de KA sobre esta amplitud. Los experimentos fueron realizados en presencia de SYM2206 (100 µM) para bloquear las corrientes mediadas por AMPAR. ***B*** Curso temporal de 17 experimentos mostrando que la LFS produjo una LTD significativa de las corrientes mediadas por NMDAR en la sinapsis MF-CA3. ***C*** Después de establecida la LTD, KA (300 nM) se aplicó en la solución extracelular como en las rodajas control, en estas condiciones se previno el efecto de KA sobre las eEPSCs.

Posteriormente se realizaron los experimentos de oclusión y se encontró que una vez que se ha inducido la LTD, la aplicación posterior de KA no produce ningún decremento adicional significativo estadísticamente, de la amplitud media de las eEPSCs (5 ± 7%, *n* = 6, i.e. 39 ± 7% de inhibición de la amplitud de las eEPSCs control), indicando que la LTD ocluye la depresión de la liberación de glutamato mediada por la activación de receptores de KA (Fig. 27 A_2, C; Fig. 28 y Fig. 29).

Resulta de interés que los datos, tanto del efecto de KA, de la LTD obtenida y de los experimentos de oclusión, fueron congruentes con los resultados obtenidos en los experimentos con fEPSPs en la sinapsis MF-CA3. Con propósitos comparativos, la Fig. 28 A muestra los cursos temporales superpuestos de la reducción de la amplitud normalizada de las eEPSCs después de inducir la LTD y además la disminución adicional de dichas corrientes producida por KA después de establecida la LTD. En la Fig. 28 B se observa el porcentaje al que disminuye la amplitud normalizada, aplicando sólo KA (300 nM) y adicionándolo después de la LTD, en este último caso se consideró como el 100% el nivel de amplitud alcanzada por la corriente después de establecida la LTD.

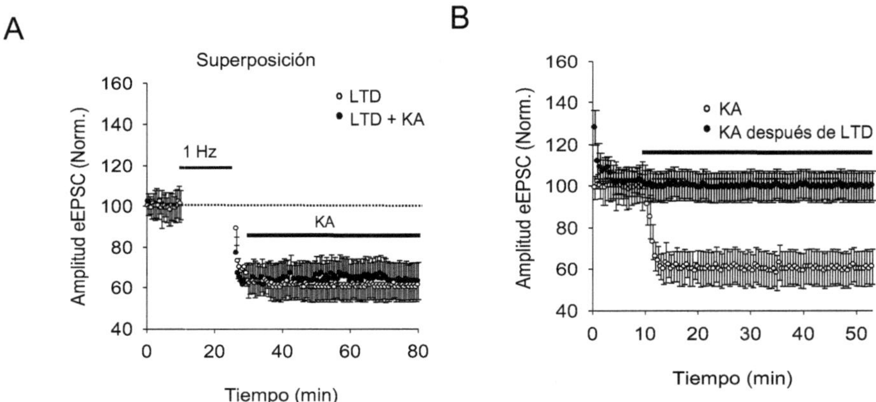

Fig. 28. ***A*** Superposición de los cursos temporales normalizados de los experimentos de LTD y de LTD + KA. ***B*** Comparación del efecto de KA (300 nM), después de la normalización de las respuestas, en rodajas intactas (sin aplicarles LFS) y en otras que han sido sometidas a LTD (los valores de las últimas fueron normalizadas de las figuras **27 C** y **28 D**. Puede observarse que la LTD inducida ocluye el efecto de KA.

La activación de los receptores de KA ocluye la inducción de LTD cuando se registran corrientes postsinápticas excitadoras provocadas (EPSC).

Como en los estudios con fEPSPs, se realizó el experimento inverso, también empleando la técnica de *patch clamp* en configuración de célula completa. Se administró KA a la solución extracelular antes de aplicar el protocolo de inducción de LTD (LFS, 1 Hz durante 15 min). Una vez más y de acuerdo con lo observado con los fEPSPs, la aplicación de KA (300 nM) produjo una disminución significativa en la amplitud de las eEPSCs, pero no se pudo inducir LTD después de dicha depresión (decremento ahora de sólo 7 ± 5%, *n* = 6, i.e. 43 ± 5% de inhibición de la amplitud de la eEPSC control, Fig. 29).

Estos datos en conjunto, indican que la LTD y la depresión mediada por la activación de KARs se ocluyen mutuamente en la sinapsis fibra musgosa-CA3 del hipocampo de ratón, sugiriendo que ambos comparten mecanismos de señalización intracelular similares.

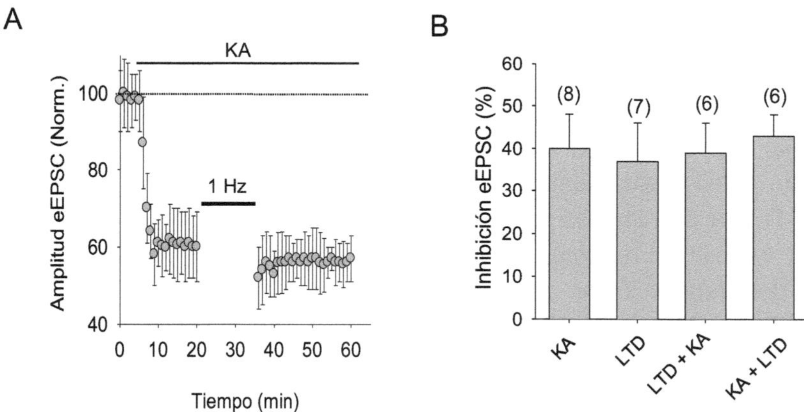

Fig. 29. ***A*** Curso temporal de la amplitud de las eEPSCs durante la aplicación constante de KA (300 nM). Se observa la depresión inducida por KA, seguida de la aplicación del protocolo de inducción de LTD (LFS, barra gruesa) que no reduce más la amplitud. Se aprecia claramente que la acción previa de KA ocluye la inducción de LTD. ***B*** Resumen de los resultados: puede apreciarse que KA solo, la LFS sola, o ambos (LTD + KA y KA + LTD), produjeron una disminución muy similar de la liberación de glutamato, semejante a lo observado con fEPSPs. El número de experimentos para cada protocolo está indicado en paréntesis sobre la barra correspondiente.

b. Discusión

La plasticidad en la sinapsis fibra musgosa-CA3 del hipocampo ha sido clásicamente asociada con un mecanismo presináptico (ver Nicoll y Schmitz, 2005 para revisión). Mientras que los cambios plásticos que tienen lugar en esta sinapsis son facilitadores, en forma de LTP o inhibidores, en forma de LTD, parecen ser dependientes de la fosforilación dependiente de PKA (discutido en Zounopoulos *et al*., 1998), ya que un tono de fosforilación alto contribuye al establecimiento de LTP, mientras que un tono bajo parece promover la LTD (ver Rodríguez-Moreno y Sihra, 2007a para revisión).

En el presente estudio se ha mostrado que la depresión de las eEPSCs en la sinapsis MF-CA3 provocada por activación de KARs presinápticos ocurre a través de una reducción en la cascada de señalización proteína G/AC/cAMP/PKA. Por lo tanto se ha hipotetizado que la depresión mediada por KA puede mostrar también el mismo mecanismo de señalización intracelular que subyace a la LTD mediada por mGluRs grupo II y que es expresado presinápticamente. Lo anterior se supone basándose en tres hechos: *1*) una disminución de la actividad de la vía AC/cAMP/PKA parece subyacer también al decremento en la liberación de glutamato mediado por mGluRs del grupo II (Conn y Pin, 1997; Anwyl, 1999; De Blasi *et al*., 2001); *2*) los mGluRs del grupo II están involucrados en la inducción de LTD presináptica (Kobayashi *et al*., 1996; Yokoi *et al*., 1996; Tzounopoulos *et al*., 1998) en la sinapsis MF-CA3 y *3*) los KARs ocluyen la inhibición de la liberación de glutamato mediada por la activación de mGluR grupo II (Figs. 20 y 21).

Los resultados obtenidos son congruentes con la hipótesis anterior; el análisis de la amplitud de los fEPSP indica claramente que la aplicación previa del protocolo de inducción de LTD (LFS) ocluye el efecto depresor de KA sobre la liberación de glutamato mediado por la activación de los KARs, en la sinapsis MF-CA3. En el experimento inverso, la depresión de la amplitud de los fEPSPs mediada por la activación de los KARs ocluye a su vez la inducción posterior de LTD inducida por el protocolo de LFS. En estos experimentos, se tuvo particular cuidado de causar poca o ninguna activación cruzada de los receptores de tipo AMPA por KA, y para conseguirlo se empleó el agonista a una baja concentración (300 nM, Castillo *et al.*, 1997; Frerking *et al.*, 1998). Adicionalmente, se eliminó la posibilidad de provocar cualquier efecto indirecto que surgiera de la despolarización mediada por KA, empleando concentraciones altas de cationes divalentes en la solución extracelular.

La oclusión mutua de la depresión de la transmisión glutamatérgica, mediada por KA y por LFS en la sinapsis MF-CA3, fue evidente no sólo en los estudios realizados midiendo la amplitud de fEPSPs, sino también cuando los experimentos se realizaron utilizando la técnica de patch-clamp, registrando eEPSCs de neuronas de la región CA3, provocadas por la liberación de glutamato de los terminales de las MF (Fig. 28 y 29); donde una vez más el protocolo de inducción de LTD ocluyó la depresión de las eEPSCs mediada por KAR y, en forma recíproca, la depresión mediada por KAR ocluyó la LTD inducida por activación de mGluR del grupo II. En estos experimentos, la potencial activación cruzada de los receptores de tipo AMPA por KA se evitó bloqueando selectivamente los receptores de tipo AMPA con SYM2206 (100 mM).

En conjunto, estos últimos resultados sugieren fuertemente que los dos procesos, la depresión de la liberación de glutamato mediada por la activación de KARs y la LTD inducida por un protocolo de estimulación de baja frecuencia, presentan una cascada de señalización intracelular común y sugieren un posible papel de los KARs en la inducción o mantenimiento de esta forma de plasticidad.

El presente estudio, resalta la participación de al menos dos tipos de receptores de glutamato, localizados presinápticamente en los terminales de la MF y que contribuyen el proceso de LTD. El significado exacto de la presencia de ambos tipos de receptores en los mismos terminales sinápticos y con acciones similares no se conoce. Por el momento es claro que receptores acoplados negativamente a la AC tienen un papel importante en la plasticidad sináptica en los terminales de las MFs. (Kobayashi *et al.*, 1996; Yokoi *et al.*, 1996; Tzounopoulos *et al.*, 1998).

A pesar de que en un estudio reciente se ha sugerido una participación de los KARs en la LTD de eEPSCs en sinapsis de corteza perirrinal, esta plasticidad contrasta con la observada en el presente trabajo; en aquella se atribuye a los KARs una acción ionotrópica, como conductores de Ca^{2+}, además el estudio se realizó en neuronas en desarrollo, el mecanismo es evidentemente postsináptico y parece depender de regulación por PKC (Park *et al.*, 2006). Por el contrario,, la forma de LTD descrita aquí y en la que los KARs podrían jugar algún papel, es diferente: se propone que opera por una acción metabotrópica, ocurre en neuronas maduras, el mecanismo es claramente presináptico e involucra un tono disminuido de activación de la PKA, todo lo cual indica que los mecanismos que subyacen a ambas formas de plasticidad son diferentes.

Los resultados sugieren que los KARs y los mGluR II pueden estar presentes en los mismos terminales de la MF y tienen una función muy similar en la modulación de la liberación de glutamato. Considerando que estudios previos sólo han citado a los KARs en relación a procesos de LTP, pero no de LTD, en la sinapsis MF-CA3 (Contractor *et al.*, 2001; Lauri *et al.*, 2001a; Bortolotto *et al.*, 1999; Schmitz *et al.*, 2001b, 2003), se ha presentado aquí evidencia de que los KARs pueden tener un papel no descrito antes en la plasticidad sináptica, en relación a procesos de LTD.

El papel dual de los KARs en procesos de plasticidad sináptica, de facilitación (LTP, estudios previos) y de depresión (LTD, resultados aquí descritos), es congruente con los efectos bifásicos de la activación de KARs en la transmisión sináptica; de modo que, mientras bajas concentraciones de KA provocan un incremento de la liberación de glutamato en sinaptosomas hipocampales y en rodajas, más altas concentraciones del agonista producen un decremento en la liberación del neurotransmisor.

Lo anterior muestra la intrigante posibilidad de que el mismo complejo de KARs produzca un incremento o decremento en la liberación de glutamato, dependiendo de las concentraciones sinápticas disponibles de glutamato.

Considerando que se ha confirmado que el glutamato endógeno activa estos receptores de KA presinápticos en los terminales de la fibra musgosa (Schmitz *et al.*, 2000), es de gran interés determinar cuál es la relevancia fisiológica exacta de la acción bidireccional de los KARs.

CAPÍTULO 11

KAR EN CORTEZA CEREBRAL Y EN AMÍGDALA LATERAL

a. Diseño experimental

La mayoría de los estudios sobre la fisiología de los KARs se han realizado en el hipocampo, se investigó si las funciones descritas para los KARs en esta estructura, tal y como la depresión y la facilitación de la liberación de glutamato, también se observan en otras regiones del cerebro. Se realizaron experimentos registrando potenciales excitadores de campo postsinápticos (fEPSPs), obtenidos de neuronas glutamatérgicas de la capa 5 de la corteza cerebral y del núcleo lateral de la amígdala. Se determinó el efecto de aplicar KA a varias concentraciones (50 nM, 300 nM y 1 µM) sobre la amplitud de los fEPSPs. Los experimentos se realizaron en presencia de SYM2206 (100 µM), bicuculina (50 µM), SCH50911 (50 µM) y glicina (10 µM), de manera semejante a lo descrito para experimentos anteriores realizados en el hipocampo.

Efecto de la activación de los KARs sobre los fEPSP en la sinapsis L5-L5 de corteza cerebral.

Se ha mostrado que KA (1 µM) disminuye la liberación de glutamato por activación de los KARs en la sinapsis MF-CA3 y otros autores han descrito que a concentraciones bajas este agonista produce una facilitación de la liberación de glutamato en ésta sinapsis (Schmitz et al., 2001 b). Se investigó el efecto de aplicar concentraciones altas y bajas de KA a rodajas de corteza cerebral, se registraron fEPSPs obtenidos de neuronas piramidales en la sinapsis L5-L5 y se observó que la perfusión en la solución extracelular de KA (1 μM y 300 nM) produjo una marcada depresión de la amplitud de los fEPSPs (72.2 ± 12.7 %, n = 4; 65.0 ± 14.3 n = 4; respectivamente; Fig. 30); además KA a baja concentración (50 nM) indujo un claro incremento de la amplitud media de los fEPSP (89.7 ± 12.7 %, n = 13; datos no mostrados). El efecto de KA fue completamente reversible.

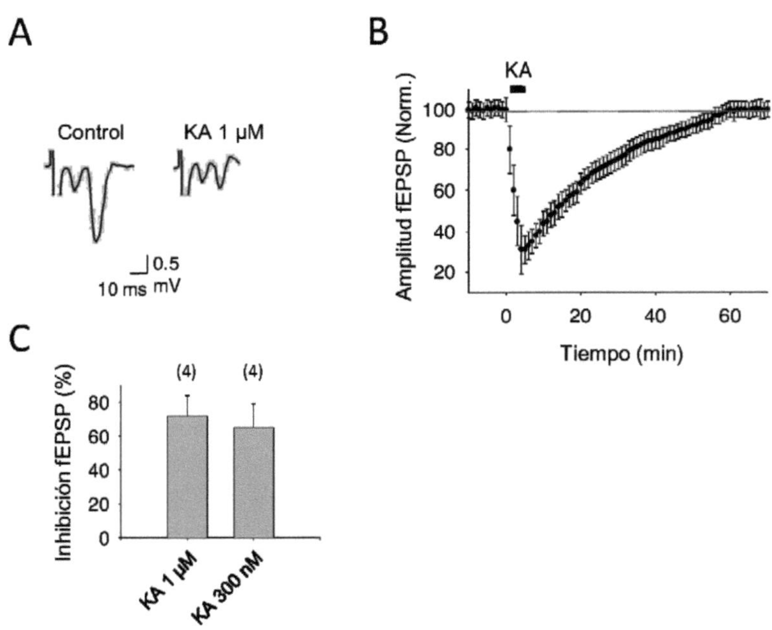

Fig. 30. La activación de KARs en la corteza cerebral produce una depresión de la transmisión sináptica excitadora. A Se muestran registros de fEPSPs obtenidos de corteza cerebral motora de la capa 5. Se observa que KA (1 μM) produce una clara depresión de la amplitud de los fEPSPs. **B** La depresión producida por KA es de larga duración. **C** Cuantificación del efecto de KA a concentraciones relativamente altas.

La aplicación de kainato produce una depresión de la amplitud de los potenciales postsinápticos excitadores de campo en el núcleo lateral de la amígdala.

Por otra parte, se estudió el efecto de la aplicación de KA a concentraciones que se conoce producen una depresión de la liberación de glutamato en el hipocampo en la sinapsis tálamo-amígdala lateral (Th-LA) Se estimularon los axones provenientes del núcleo geniculado medial del tálamo (Th) y se registraron los fEPSPs de las neuronas del núcleo lateral de la amígdala (LA). La administración de concentraciones relativamente altas de KA (1 μM y 300 nM) produjo una clara depresión (50.2 ± 4.7%, n = 14 y 42.4 ± 3.5%, n = 7, respectivamente; Fig. 31) aunque de diferente magnitud dependiendo de la concentración, similar a lo descrito en hipocampo.

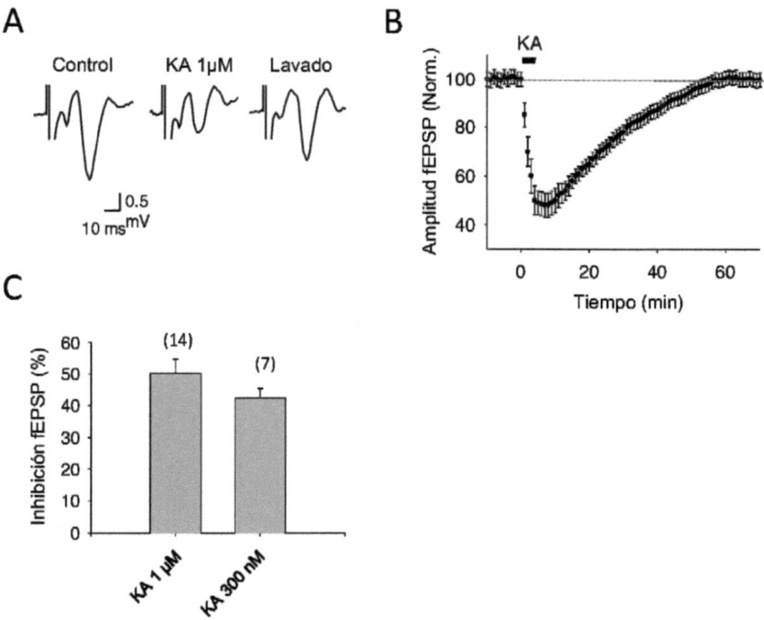

Fig. 31. Depresión de la transmisión sináptica excitadora en amígdala. A Se muestra el efecto depresor de KA sobre la amplitud de los fEPSP registrados en el núcleo lateral de la amígdala y su posterior recuperación. **B** El decremento producido por KA es de larga duración. **C** Cuantificación del efecto depresor de KA 1 μM y 300 nM sobre la amplitud de los fEPSPs.

b. Discusión

La inhibición y la facilitación de la liberación de glutamato mediados por la activación de los receptores de tipo KA podría ser un proceso generalizado a otras estructuras del SNC, como es el caso de la corteza cerebral y de la amígdala, donde ambos fenómenos fueron observados. De manera semejante a lo que se describió en la sinapsis MF-CA3 de hipocampo, KA fue capaz de producir una depresión de la amplitud media de los fEPSP registrados en corteza cerebral (Fig. 30), y resulta interesante que también concentraciones relativamente bajas produjeron un incremento en la transmisión sináptica (datos no mostrados), tal como se ha descrito en la literatura que ocurre en hipocampo (Schmitz, *et al.* 2001 b).

A pesar de que se emplearon potenciales de campo para el análisis, es muy probable que este efecto bidireccional sea debido a la activación de receptores de KA, sobre todo el efecto facilitador (datos no mostrados), ya que a la concentración a la que se empleó KA es muy poco probable que estuviera activando los receptores de tipo AMPA. Adicionalmente, el hecho de que en la amígdala lateral la activación de los KARs produjera una depresión de la amplitud de los fEPSPs (Fig. 31), además de una clara potenciación cuando las concentraciones de KA que se utilizan son muy bajas (datos no mostrados) sugiere que las acciones moduladoras descritas de los KAR pueden estar generalizadas a otras regiones en el SNC.

CONCLUSIONES, SUMARIO Y PERSPECTIVAS

Las evidencias obtenidas con nuestras aproximaciones *ex vivo* empleando farmacología y electrofisiología, nos permiten extraer las siguientes conclusiones:

- La activación de los receptores de kainato produce una depresión de la liberación de glutamato en la sinapsis fibra musgosa-CA3 de hipocampo de ratón mediada por un mecanismo de acción presináptico.

- La depresión de la liberación de glutamato mediada por la activación de los receptores de kainato en la sinapsis fibra musgosa-CA3 de ratón involucra una acción metabotrópica mediada por una proteína G sensible a toxina pertúsica.

- La depresión de la liberación de glutamato mediada por la activación de los receptores de kainato en la sinapsis fibra musgosa-CA3 del hipocampo involucra la vía AC/cAMP/PKA.

- La depresión de la liberación de glutamato mediada por la activación de receptores de kainato en la sinapsis fibra musgosa-CA3 converge con la depresión de la liberación de glutamato mediada por la activación de receptores metabotrópicos de glutamato del Grupo II en la misma sinapsis.

- La depresión de la liberación de glutamato mediada por la activación de receptores de kainato en la sinapsis fibra musgosa-CA3 converge con la depresión de larga duración inducida por un protocolo de LTD en la sinapsis fibra musgosa-CA3 de hipocampo de ratón, sugiriendo que los receptores de kainato podrían jugar algún papel en este tipo de LTD.

- La acción moduladora de los receptores de kainato sobre la liberación de glutamato está presente en otras estructuras del sistema nervioso central.

Resumiendo los aspectos principales de esta obra, nos hemos centrado en el glutamato, como el principal neurotransmisor excitador en el sistema nervioso central y en la activación del receptor de tipo kainato, que lleva a la inhición de la liberación del neurotransmisor, mostrando aquí el papel de los receptors ubicados en el terminal presináptico, sus importantes acciones mediadas por mecanismos metabotrópicos, que pueden convergen con las de receptores metabotrópicos del grupo II, así como su participación en la plasticidad sináptica y algunas acciones en estructuras como la corteza cerebral y la amígala.

Existe un interés permanente en investigar el papel de los receptores de glutamato debido a que una alteración puede llevar a importantes modificaciones fisiológicas y comportamentales, por ejemplo en varias neuropatologías y trastornos mentales (Huetner, 2003; Lerma, 2003; Dzamba *et al.*, 2015; Lerma and Marques, 2013; Petrovic *et al.*, 2017; Zhu, 2017; Blacker *et al.*, 2017; Goodwani *et al.*, 2017) siendo los receptores de glutamato un importante blanco para la intervención terapéutica.

En la literatura, los KARs junto con los receptors de AMPA y NMDA han sido clasificados tradicionalmente como receptores ionotrópicos, constitidos como protepinas tetraméricas compuestas de combinaciones de las subunidades GluK1–GluK5 (Traynelis *et al.*, 2010; Møllerud *et al.*, 2015, 2017). Ahora sabemos que los KARs se encuentran presentes a nivel pre y postsináptico mediando tanto la liberación de glutamato como la transmisión, respectivamente, tanto de GABA como de glutamato (Cherubini *et al.*, 2011). La activación de KAR suele tener un efecto bifásico sobre la liberación, depediendo de la concentración del agonista, participando en la plasticidad de corta y larga duración (Negrete-Díaz *et al.*, 2007; Sihra and Rodríguez-Moreno, 2013) y con un papel sobre la neurotransmisión, usando variados y complejos mecanismos, incluyendo activación ionotrópica y metabotrópica (Negrete-Díaz *et al.*, 2006; Contractor *et al.*, 2011; Rozas *et al.*, 2003; Negrete-Díaz *et al.*, 2012; Sihra and Rodriguez-Moreno, 2013; Lerma and Marques, 2013; Valbuena and Lerma, 2016; Petrovic *et al.*, 2017).

Las funciones metabotrópicas continúan siendo exploradas en múltiples regiones del sistema nervioso central, existiendo evidencia creciente de que los KARs median algunos de sus efectos sin necesidad del flujo iónico. Desde que Rodríguez-Moreno y colaboradores describieron por primera vez en 1998 la acción metabotrópica de KAR sobre la modulación de la liberación de GABA en interneuronas hipocampales, otros muchos autores han reportado este mecanismo no clásico de señalización en otras sinapsis, lo cual ha venido a incrementar nuestra comprensión de su funcionamieto (Fig. 30).

Finalmente, en la actualidad se acepta que no todo está dicho acerca de este receptor, en particular sobre las interacciones que establece con otras proteínas y complejos proteínicos sinápticos como Neto1 y Neto2, SNAP25, PICK1, CRMP2, la proteína calcio calmodulina y proteínas G_o; o la modificación bioquímica de sus subunidades por medio de procesos como la fosforilación o la S-nitrosilaciónes (Selak *et al.*, 2009, Andrade-Talavera *et al.*, 2012, Zhang *et al.*, 2012, Marques *et al.*, 2013, Rutkowska-Wlodarczyk *et al.*, 2015, Fisher *et al.*, 2015) campos que son motivo de intensa investigación. Por otra parte, pero de manera muy estrecha con la investigación básica, el papel del KAR se ha estudiado ampliamente en la etiología de la epilepsia y del dolor crónico, en la esquizofrenia, el autismo, la manía, el retardo mental leve, la enfermedad de Huntington, la depresión mayor y el desorden bipolar, el miedo, la ansiedad y la adicción, incluso en otros trastornos como el cáncer (Lerma *et al.*, 2003, Lowry *et al.*, 2013, Lerma y Márques, 2013, Koga *et al.*, 2015, Van .Nest *et al.*, 2017, Goodwani *et al.*, 2017, Gong *et al.*, 2017, Shi *et al.*, 2018).

Referencias

Ali AB, Rossier J, Staiger JF and Audinat E (2001). Kainate receptors regulate unitary IPSCs elicited in pyramidal cells by fast-spiking interneurons in the neocortex. *J Neurosci* 21: 2992–2999.

Agrawal SG and Evans RH (1986). The primary afferent depolarizing action of kainate in the rat. *Br J Pharmacol* 87(2): 345-55.

Andrade-Talavera Y, Duque-Feria P, Negrete-Díaz JV, Sihra TS, Flores G and Rodríguez-Moreno A (2012). Presynaptic kainate receptor-mediated facilitation of glutamate release involves Ca2+ -calmodulin at mossy fiber-CA3 synapses. *J Neurochem.* 122(5):891-9.

Anwyl R (1999). Metabotropic glutamate receptors: electrophysiological properties and role in plasticity. *Brain Res Rev* 29: 83–120.

Bahn S, Volk B and Wisden W (1994). Kainate receptor gene expression in the developing rat brain. *J Neurosci* 14: 5525–5547.

Ben-Ari Y and Cossart R (2000). Kainate, a double agent that generates seizures: two decades of progress. *Trends Neurosci.* 23: 580–587.

Bennett JA and Dingledine R (1995). Topology profile for a glutamate receptor: three transmembrane domains and a channel-lining reentrant membrane loop. *Neuron* 14: 373–384.

Bernard A and Khrestchatisky M (1994). Assessing the extent of RNA editing in the TMII regions of GluR5 and GluR6 kainate receptors during the rat brain development. *J Neurochem* 62: 2057–2060.

Bettler B, Boulter J, Hermans-Borgmeyer I, O'Shea-Greenfield A, Deneris ES, Moll C, Borgmeyer U, Hollmann M and Heinemann S (1990). Cloning of a novel glutamate receptor subunit, GluR5: expression in the nervous system during development. *Neuron* 5: 583–595.

Blacker CJ, Lewis CP, Frye MA and Veldic M (2017). Metabotropic glutamate receptors as emerging research targets in bipolar disorder. *Psychiatry Res.* 257:327-337.

Bortolotto ZA, Clarke VR, Delany CM, Parry MC, Smolders I, Vignes M, Ho KH, Miu P, Brinton BT, Fantaske R, Odgen A, Gates M, Ornstein PL, Lodge D, Bleakman D, and Collingridge GL (1999). Kainate receptors are involved in synaptic plasticity. *Nature* 402: 297–301.

Bowie D, Lange GD and Mayer ML (1998). Activity-dependent modulation of glutamate receptors by polyamines. *J Neurosci* 18(20):8175-85.

Braga MF, Aroniadou-Anderjaska V, Xie J and Li H (2003). Bidirectional modulation of GABA release by presynaptic glutamate receptor 5 kainate receptors in the basolateral amygdala. *J Neurosci.* 23: 442–452.

Burnashev N, Zhou Z, Neher E and Sakmann B (1995). Fractional calcium currents through recombinant GluR channels of the NMDA, AMPA and kainate receptor subtypes. *J Physiol* 485: 403–418.

Burnashev N and Rozov A (2005). Presynaptic Ca^{2+} dynamics, Ca^{2+} buffers and synaptic efficacy. *Cell Calcium* 37(5): 489-95.

Butz M, Wörgötter F and van Ooyen A (2009). Activity-dependent structural plasticity. Brain Res Rev 60(2):287-305.

Castillo PE, Malenka RC and Nicoll RA (1997). Kainate receptors mediate a slow postsynaptic current in hippocampal CA3 neurons. *Nature* 388: 182–186.

Citri A and Malenka RC (2008). Synaptic plasticity: multiple forms, functions, and mechanisms. *Neuropsychopharmacology* 33(1): 18-41.

Cherubini E, Caiati MD and Sivakumaran S (2011). In the developing hippocampus kainate receptors control the release of GABA from mossy fiber terminals via a metabotropic type of action. *Adv. Exp. Med. Biol.* 717:11-26.

Chittajallu R, Vignes M, Dev KK, Barnes JM, Collingridge GL and Henley JM (1996). Regulation of glutamate release by presynaptic kainate receptors in the hippocampus. *Nature* 379: 78–81.

Chittajallu R, Braithwaite SP, Clarke VR and Henley JM (1999). Kainate receptors: subunits, synaptic localization and function. *Trends Pharmacol Sci* 20: 26–35.

Clarke VR, Bally BA, Hookh Mandelzys A, Pellizzari A, Bath CP, Thomas J, Shasrpe EF, Davies CH, Ornstein PL, Schoepp DD, Kamboj RK, Collingridge GL, Lodge D and Bleakman D (1997). A hippocampal GluR5 kainate receptor regulating inhibitory synaptic transmission. *Nature* 389: 599–603.

Collingridge GL, Isaac JT and Wang YT (2004). Receptor trafficking and synaptic plasticity. *Nat Rev Neurosci* 5 (12): 952-62.

Collingridge GL, Olsen RW, Peters J and Spedding M (2009). A nomenclature for ligand-gated ion channels. *Neuropharmacol* 56(1):2-5.

Conn PJ and Pin JP (1997). Pharmacology and functions of metabotropic glutamate receptors. *Ann Rev Pharmacol Toxicol* 37: 205–237.

Contractor A, Swanson GT, Sailer A, O Gorman S and Heinemann SF (2000). Identification of the kainate receptors subunit underlying modulation of excitatory synaptic transmission in the CA3 region of the hippocampus. *J Neurosci* 20: 8269–8278.

Contractor A, Swanson GT, and Heinemann SF (2001). Kainate receptors are involved in short- and long-term plasticity at mossy fiber synapses in the hippocampus. *Neuron* 29: 209–216.

Contractor A, Mulle C and Swanson GT (2011). Kainate receptors coming of age:

milestones of two decades of research *Trends Neurosci.* 34(3):154-63.

Cossart R, Esclapez M, Hirsch JC, Bernard C and Ben-Ari Y (1998). GluR5 kainate receptor activation in interneurons increases tonic inhibition of pyramidal cells. *Nat Neurosci* 1(6): 470-8.

Cui C and Mayer ML (1999). Heteromeric kainate receptors formed by the coassembly of GluR5, GluR6 and GluR7. *J. Neurosci* 19: 8281–8291.

Cull-Candy SG and Leszkiewicz DN (2004). Role of distinct NMDA receptor subtypes at central synapses. *Sci STKE* (255): 16.

Cunha RA, Malva JO, and Ribeiro JA (1999). Kainate receptors coupled to Gi/Go proteins in the rat hippocampus. *Mol Pharmacol* 56: 429–433.

Darstein M, Petralia RS, Swanson GT, Wenthold RJ, Heinemann SF (2003). Distribution of kainate receptor subunits at hippocampal mossy fiber synapses. *J Neurosci* 23(22): 8013-9.

De Blasi A, Conn PJ, Pin JP and Nicoletti F (2001). Molecular determinant of metabotropic glutamate receptor signaling. *Trends Pharmacol Sci* 22: 114–120.

Derkach VA, Oh MC, Guire ES, Soderling TR (2007). Regulatory mechanisms of AMPA receptors in synaptic plasticity. *Nat Rev Neurosci* 8(2): 101-13.

De Waard M, Liu HL, Walker D, Scott VES, Gurnett CA and Campbell KP (1997). Direct binding of G protein complex to voltage-dependent calcium channels. *Nature* 385: 446–450.

Dingledine R, Borges K, Bowie D, Traynelis SF (1999).The glutamate receptor ion channels. *Pharmacol Rev* 51(1): 7-61.

Dzamba D, Honsa P, Valny M, Kriska J, Valihrach L, Novosadova V, Kubista M and Anderova M (2015). Quantitative Analysis of Glutamate Receptors in Glial Cells from the Cortex of GFAP/EGFP Mice Following Ischemic Injury: Focus on NMDA Receptors. *Cell Mol Neurobiol* 35(8):1187-202.

Egebjerg J, Bettler B, Hermans-Borgmeyer I and Heinemann S (1991). Cloning of a cDNA for a glutamate receptor subunit activated by kainate but not AMPA. *Nature* 351(6329): 745-8.

Egebjerg J and Heinemann SF (1993). Ca^{2+} permeability of unedited and edited versions of the kainate selective glutamate receptor GluR6. *Proc Natl Acad Sci USA* 90: 755–759.

Feldman RS, Meyer JS and Quenzer LF (1997). Principles of Neuropsychopharmacology, capítulo VIII, Editorial Sinauer, USA.

Fisahn A, Heinemann SF and McBain CJ (2005). The kainate receptor subunit GluR6 mediates metabotropic regulation of the slow and medium AHP currents in mouse hippocampal neurones. *J Physiol* 562: 199–203.

Fisher JL (2015). The auxiliary subunits Neto1 and Neto2 have distinct, subunit-dependent effects at recombinant GluK1- and GluK2-containing kainate receptors. *Neuropharmacol.* 99:471-80.

Fleck MW, Cornell E and Mah SJ (2003). Amino-acid residues involved in glutamate receptor 6 kainate receptor gating and desensitization. *J Neurosci* 23: 1219–1227.

Frerking M, Malenka RC and Nicoll RA (1998). Synaptic activation of kainate receptors on hippocampal interneurons. *Nat Neurosci* 1: 479–486.

Frerking M, Schmitz D, Zhou Q, Johansen J and Nicoll RA (2001). Kainate receptors depress excitatory synaptic transmission at CA3-CA1 synapses in the hippocampus via a direct presynaptic action. *J Neurosci* 21: 2958–2966.

Gong B, Li Y, Cheng Z, Wang P, Luo L, Huang H, Duan S and Liu F (2017). GRIK3: A novel oncogenic protein related to tumor TNM stage, lymph node metastasis, and poor prognosis of GC. *Tumour Biol.* 39(6):1010428317704364.

Goodwani S, Saternos H, Alasmari F and Sari Y (2017). Metabotropic and ionotropic glutamate receptors as potential targets for the treatment of alcohol use disorder. *Neurosci. Biobehav. Rev.* 77:14-31.

Goudet C, Magnaghi V, Landry M, Nagy F, Gereau R and Pin JP. (2009). Metabotropic receptors for glutamate and GABA in pain. *Brain Res Rew* 60(1):43-56.

Gryder DS and Rogawski MA (2003). Selective antagonism of GluR5 kainate-receptor-mediated synaptic currents by topiramate in rat basolateral amygdala neurons. *J Neurosci* 23(18): 7069-74.

García S y Pazos A (2003, eds.) Receptores para neurotransmisores. Ediciones en Neurociencias, Barcelona. pp. 241-244.

Heckmann M, Bufler J, Franke C and Dudel J (1996). Kinetics of homomeric GluR6 glutamate receptor channels. *Biophys J* 71: 1743–1750.

Henley JM (1994). Kainate-binding proteins: phylogeny, structures and possible functions. *Trends Pharmacol Sci* 15(6): 182-90.

Herb A, Burnashev N, Werner P, Sakmann B, Wisden W and Seeburg PH (1992). The KA-2 subunit of excitatory amino acid receptors shows widespread expression in brain and forms ion channels with distantly related subunits. *Neuron* 8(4): 775-85.

Hollmann M, Hartley M and Heinemann S (1991). Ca^{2+} permeability of KA-AMPA-gated glutamate receptor channels depends on subunit composition. *Science* 252(5007): 851-3.

Hollmann M and Heinemann S (1994). Cloned glutamate receptors. *Annu Rev. Neurosci* 17, 31–108.

Hollmann M, Maron C and Heinemann S (1994). *N*-Glycosylation site tagging suggests a three transmembrane domain topology for the glutamate receptor GluR1. *Neuron* 13: 1331–1343.

Howe JR (1996). Homomeric and heteromeric ion channels formed from the kainate-type subunits GluR6 and KA2 have very small, but different, unitary conductances. *J Neurophysiol* 76: 510–519.

Hsu KS, Huang CC, Liang YC, Wu HM, Chen YL, Lo SW and Ho WC (2002). Alterations in the balance of protein kinase and phosphatase activities and age-related impairments of synaptic transmission and long-term potentiation. *Hippocampus* 12(6): 787-802.

Huang LQ, Rowan MJ and Anwyl R (1997). mGluRII agonist inhibition of LTP induction: and mGluRII antagonist inhibition of LTD induction in the dentate girus in vitro. *NeuroRep* 8: 687–693.

Huang YY and Kandel ER (1996). Modulation of both the early and the late phase of mossy fiber LTP by the activation of beta-adrenergic receptors. *Neuron* 16: 611–617.

Huettner JE (1990). Glutamate receptor channels in DRG neurons: activation by kainate and quisqualate and blockade of desensitization by Con A. *Neuron* 5: 255–266.

Huettner JE, Stack E and Wilding TJ (1998). Antagonism of neuronal kainate receptors by lanthanum and gadolinium. *Neuropharmacology* 37: 1239–1247.

Huettner JE (2003). Kainate receptors and synaptic transmission. *Prog Neurobiol* 70: 387–407.

Jonas P and Burnashev N (1995). Molecular mechanisms controlling calcium entry through AMPA-type glutamate receptor channels. *Neuron* 15(5): 987-90.

Jones KA, Wilding TJ, Huettner JE and Costa AM (1997). Desensitization of kainate receptors by kainate, glutamate and diastereomers of 4-methylglutamate. *Neuropharmacology* 36: 853–863.

Kamiya H, Shinozaki H and Yamamoto C (1996). Activation of metabotropic glutamate receptor type 2/3 suppresses transmission at rat hippocampal mossy fibre synapses. *J Physiol* 493: 447–455.

Kamiya H and Ozawa S (1998). Kainate receptor-mediated inhibition of presynaptic Ca^{2+} influx and EPSP in area CA1 of the rat hippocampus. *J Physiol* 509: 833–845.

Kamiya H and Ozawa S (2000). Kainate receptor-mediated presynaptic inhibition at the mouse hippocampal mossy fibre synapse. *J Physiol* 523: 653–665.

Kamiya, H. (2002). Kainate receptor-dependent presynaptic modulation and plasticity. *Neurosci. Res.* 42: 1–6.

Kandel ER, Jessell TM and Schwartz JH eds. (2000) Principles of Neuroscience. 4th ed., McGraw-Hill, New York. USA.

Kask K, Zamanillo D, Rozov A, Burnashev N, Sprengel R and Seeburg

PH (1998). The AMPA receptor subunit GluR-B in its Q/R site-unedited form is not essential for brain development and function. *Proc Natl Acad Sci USA* 95(23): 13777-82.

Kawai F and Sterling P (1999). AMPA receptor activates a G-protein that suppresses a cGMP-gated current. *J Neurosci* 19: 2954–2959.

Kidd FL and Isaac JT (1999). Developmental and activity-dependent regulation of kainate receptors at thalamocortical synapses. *Nature* 400: 569–573.

Kidd FL and Isaac JT (2001). Kinetics and activation of postsynaptic kainate receptors at thalamocortical synapses: role of glutamate clearance. *J Neurophysiol* 86: 1139–1148.

Kidd FL, Coumis U, Collingridge GL, Crabtree JW and Isaac JT (2002). A presynaptic kainate receptor is involved in regulating the dynamic properties of thalamocortical synapses during development. *Neuron* 34: 635–646.

Kim E and Sheng M (2004). PDZ domain proteins of synapses. *Nat Rev Neurosci* 5(10): 771-81.

Kiskin NI, Krishtal OA and Tsyndrenko AYa (1986). Excitatory amino acid receptors in hippocampal neurons: kainate fails to desensitize them. *Neurosci Lett* 63(3): 225-30.

Kobayashi K, ManabeT and Takahashi T (1996). Presynaptic long-term depression at the hippocampal mossy fiber-CA3 synapse. *Science* 273: 648–650.

Kobayashi K, Manabe T and Takahashi T (1999). Calcium-dependent mechanisms involved in presynaptic long-term depression at the hippocampal mossy fibre-CA3 synapse *Eur J Neurosci* 11(5): 1633-8.

Koga K, Descalzi G, Chen T, Ko HG, Lu J, Li S, Son J, Kim T, Kwak C, Huganir RL, Zhao MG, Kaang BK, Collingridge GL and Zhuo M (2015). Coexistence of two forms of LTP in ACC provides a synaptic mechanism for the interactions between anxiety and chronic pain. *Neuron* 85(2):377-89.

Köhler M, Burnashev N, Sakmann B and Seeburg PH (1993). Determinants of Ca2+ permeability in both TM1 and TM2 of high affinity kainate receptor channels: diversity by RNA editing. Neuron 10: 491–500.

Kreitzer AC and Malenka RC (2008). Striatal plasticity and basal ganglia circuit function. *Neuron* 60(4): 543-54.

Kullmann DM (2000). Presynaptic kainate receptors in the hippocampus: slowly emerging from obscurity. *Neuron* 32(4): 561-4.

Lauri SE, Bortolotto ZA, Bleakman D, Ornstein PL, Lodge D, Isaac JT, and Collingridge GL (2001a). A critical role of a facilitatory presynaptic kainate receptors in mossy-fiber LTP. *Neuron* 32: 697–709.

Lauri SE, Delany C, Clarke VEJ, Bortolotto ZA, Ornstein PL, Isaac JT and Collingridge GL (2001b). Synaptic activation of a presynaptic kainate receptor facilitates AMPA receptor-mediated synaptic transmission at hippocampal mossy fibre synapses. *Neuropharmacology* 41: 907–915.

Lerma J (1991). Spermine regulates N-methyl-D-aspartate receptor desensitization. *Neuron* 8(2): 343-52.

Lerma J, Zukin RS and Bennett MV (1991). Interaction of Mg2+ and phencyclidine in use-dependent block of NMDA channels. *Neurosci Lett* 123(2): 187-91.

Lerma J, Paternain AV, Naranjo JR and Mellström B (1993). Functional kainate-selective glutamate receptors in cultured hippocampal neurons. *Proc Natl Acad Sci USA* 90: 11688–11692.

Lerma J (1999). Kainate receptors. In: *Handbook of Experimental Pharmacology. Ionotropic Glutamate Receptors in the CNS*, edited by Jonas P and Monyer H. Berlin, Springe 141: 275–307.

Lerma J, Paternain AV, Rodríguez-Moreno A and López-García JC (2001). Molecular physiology of kainate receptors. *Physiol Rev* 81: 971–998.

Lerma J (2003). Roles and rules of kainate receptors in synaptic transmission. *Nat Rev Neurosci* 4: 481–495.

Lerma J (2006). Kainate receptor physiology. *Curr Opin Pharmacol* 6(1): 89-97.

Li H and Rogawski MA (1998). GluR5 kainate receptor-mediated synaptic transmission in rat basolateral amygdala in vitro. *Neuropharmacology* 37: 1279–1286.

Lerma J and Marques JM (2013). Kainate receptors in health and disease. *Neuron* 80(2):292-311.

Lowry ER, Kruyer A, Norris EH, Cederroth CR, and Strickland S (2013).
The GluK4 kainate receptor subunit regul ates memory mood and excitotoxic neurodegeneration. *Neuroscience*; 235:215-25.

Li H, Chen A, Xing G, Wei ML and Rogawski MA (2001). Kainate receptor-mediated heterosynaptic facilitation in the amygdala. *Nat Neurosci* 4: 612–620.

Luján R, Nusser Z, Roberts JDB, Shigemoto R and Somogyi P (1996). Perisynaptic location of metabotropic glutamate receptors mGluR1 and mGluR5 on dendrites and dendritic spines in the rat hippocampus. *Eur J Neurosci*; 8: 1488-500.

Luján R, Roberts JDB, Shigemoto R and Somogyi P (1997). Differential plasma membrane distribution of metabotropic glutamate receptors mGluR1, mGluR2 and mGluR5, relative to neurotransmitter release sites. *J Chem Neurochem* 13: 219-41.

MacDonald JF, Bartlett MC, Mody I, Pahapill P, Reynolds JN, Salter MW, Schneiderman JH and Pennefather PS (1991). Actions of ketamine, phencyclidine and MK-801 on NMDA receptor currents in cultured mouse hippocampal neurones. *J Physiol* 432: 483-508.

Mackler SA and Eberwine JH (2001). Diversity of glutamate receptor subunit mRNA expression within live hippocampal CA1 neurons. *Mol Pharmacol* 44: 308–315.

Madden DR (2002). The structure and function of glutamate receptor ion channels. *Nature Rev Neurosci* 3: 91–101.

Manabe T, Willey DJ, Perkel DJ, and Nicoll RA (1993). Modulation of synaptic transmission and long-term potentiation: effects on paired pulse facilitation and EPSC variance in the CA1 region of the hippocampus. *J Neurophysiol* 70: 1451–1459.

Marques JM, Rodrigues RJ, Valbuena S, Rozas JL, Selak S, Marin P, Aller MI and Lerma J (2013). CRMP2 tethers kainate receptor activity to cytoskeleton dynamics during neuronal maturation. *J. Neurosci.* 33(46):18298-310.

Masu M, Tanabe Y, Tsuchida K, Shigemoto R and Nakanishi S (1991). Sequence and expression of a metabotropic glutamate receptor. *Nature* 349: 760-5.

Meador-Woodruff JH and Healy DJ (2000). Glutamate receptor expression in schizophrenic brain. *Brain Res Rev* 31(2-3): 288–294

Melyan Z, Wheal HV and Lancaster B (2002). Metabotropic-mediated kainate receptor regulation of IsAHP and excitability in pyramidal cells. *Neuron* 28: 107–114.

Melyan Z, Lancaster B and Wheal HV (2004). Metabotropic regulation of intrinsic excitability by synaptic activation of kainate receptors. *J Neurosci* 12: 4530–4534.

Mulle C, Sailer A, Swanson GT, Brana C, O'Gorman S, Bettler B and Heinemann SF (2000). Subunit composition of kainate receptors in hippocampal interneurons. *Neuron* 28: 475–484.

Møllerud S, Frydenvang K, Pickering DS and Kastrup JS (2017). Lessons from crystal structures of kainate receptors. *Neuropharmacol.* 112(Pt A):16-28.

Møllerud S, Pinto A, Marconi L, Frydenvang K, Thorsen TS, Laulumaa S, Venskutonytė R, Winther S, Moral AMC, Tamborini L, Conti P, Pickering DS and Kastrup JS (2017). Structure and Affinity of Two Bicyclic Glutamate Analogues at AMPA and Kainate Receptors. *ACS Chem. Neurosci.* 8(9):2056-2064.

Negrete-Díaz JV, Sihra TS, Delgado-García JM and Rodríguez-Moreno A (2006). Kainate receptor-mediated inhibition of glutamate release involves protein kinase A in the mouse hippocampus. *J. Neurophysiol.* 96(4):1829-37.

Negrete-Díaz JV, Sihra TS, Delgado-García JM and Rodríguez-Moreno A (2007). Kainate receptor-mediated presynaptic inhibition converges with presynaptic inhibition mediated by Group II mGluRs and long-term depression at the hippocampal mossy fiber-CA3 synapse. *J. Neural Transm.* (Vienna). 114(11):1425-31.

Negrete-Díaz JV, Duque-Feria P, Andrade-Talavera Y, Carrión M, Flores G, Rodríguez-Moreno A (2012). Kainate receptor-mediated depression of glutamatergic transmission involving protein kinase A in the lateral amygdala. *J Neurochem.* 121(1):36-43.

Neves G, Cooke SF, Bliss TV (2008) Synaptic plasticity, memory and the hippocampus: a neural network approach to causality. *Nat Rev Neurosci* 9(1): 65-75.

Nicoll RA and Malenka RC (1995). Contrasting properties of two forms of long-term potentiation in the hippocampus. *Nature* 377(6545): 115-8.

Nicoll RA and Schmitz D (2005). Synaptic plasticity at hippocampal mossy fibre synapses. *Nat Rev Neurosci* 6(11): 863-76.

Nicoll RA, Tomita S and Bredt DS (2006). Auxiliary subunits assist AMPA-type glutamate receptors. *Science* 311(5765): 1253-6.

Nicholls RE, Zhang XL, Bailey CP, Conklin BR, Kandel ER and Stanton PK (2006). mGluR2 acts through inhibitory Galpha subunits to regulate transmission and long-term plasticity at hippocampal mossy fiber-CA3 synapses. *Proc Natl Acad Sci USA* 103(16): 6380-5.

O'Neill MJ, Bogaert L, Hicks CA, Bond A, Ward MA, Ebinger G, Ornstein PL, Michotte Y and Lodge D (2000). LY377770, a novel iGluR5 kainate receptor antagonist with neuroprotective effects in global and focal cerebral ischaemia. *Neuropharmacology* 39: 1575–88.

Park Y, Jo J, Isaac JTR and Cho K (2006). Long-term depression of kainate receptor-mediated synaptic transmission. *Neuron* 49: 95–106.

Paschen W, Schmitt J, Gissel C and Dux E (1997). Developmental changes of RNA editing of glutamate receptor subunits GluR5 and GluR6: in vivo versus in vitro. *Dev Brain Res* 98: 271–280.

Paternain AV, Morales M and Lerma J (1995). Selective antagonism of AMPA receptors unmasks kainate receptor-mediated responses in hippocampal neurons. *Neuron* 14: 185–189.

Paternain AV, Rodríguez-Moreno A, Villaroel A and Lerma J (1998). Activation and desensitization properties of native and recombinant kainate receptors. *Neuropharmacology* 37: 1249–1259.

Paternain AV, Herrera MT, Nieto MA and Lerma J (2000). GluR5 and GluR6 kainate receptor subunits coexist in hippocampal neurons and coassemble to form functional receptors. *J Neurosci* 20: 196–205.

Paxinos G and Franklin BJ (2001). The mouse brain in stereotaxic coordinates. 2th ed. Academic Press, San Diego.

Pemberton KE, Belcher SM, Ripellino JA and Howi JR (1998). Highaffinity kainate-type ion channels in rat cerebellar granule cells. *J Physiol (Lond)* 510: 401–420.

Petrovic MM, Viana da Silva, S, Clement JP, Vyklicky L, Mulle C, González-González IM and Henley JM (2017). Metabotropic action of postsynaptic kainate receptors triggers hippocampal long-term potentiation. *Nat. Neurosci.* 20(4):529-539.

Pin JP and Duvoisin R (1995). The metabotropic glutamate receptors: structure and functions. *Neuropharmacology* 34(1): 1-26.

Pinheiro P and Mulle C (2006). Kainate receptors. *Cell Tissue Res* 326(2): 457-82.

Purves D, Augustine G, Fitzpatrick D, Hall W, LaMantia A, McNamara J and Williams (2004) *Neuroscience.* Third Edition. Sinauer Associates, Inc. USA: 137-145.

Rivera R, Rozas JL and Lerma J (2007). PKC-dependent autoregulation of membrane kainate receptors. *EMBO J* 26 (20): 4359-67.

Roche KW, Raymond LA, Blackstone C and Hugarini RL. Transmembrane topology of the glutamate receptor subunit GluR6 (1994). *J Biol Chem* 269: 11679–11682.

Rodríguez-Moreno A, Herreras O and Lerma J (1997). Kainate receptors presynaptically downregulate GABAergic inhibition in the rat hippocampus. *Neuron* 19: 893–901.

Rodríguez-Moreno A and Lerma J (1998). Kainate receptor modulation of GABA release involves a metabotropic function. *Neuron* 20: 1211–1218.

Rodríguez-Moreno A (2000). A. Papel de los receptores de kainato en la regulación de la transmisión sináptica GABAérgica (tesis doctoral). Universidad Autónoma de Madrid.

Rodríguez-Moreno A, López-García JC and Lerma J (2000). Two populations of kainate receptors with separate signalling mechanisms in hippocampal interneurons. *Proc Natl Acad Sci USA* 97: 1293–1298.

Rodríguez-Moreno A and Sihra TS (2004). Presynaptic kainate receptor facilitation of glutamate release involves protein kinase A in the rat hippocampus. *J Physiol* 557: 733–745.

Rodríguez-Moreno A and Sihra TS (2007a). Kainate receptors with a metabotroic modus operandi. *Trends Neurosci* 30(12): 630-637.

Rodríguez-Moreno A and Sihra TS (2007b). Metabotropic actions of kainate receptors in the CNS. *J Neurochem* 103: 2121–2135.

Rozas JL, Paternain AV, and Lerma J (2003). Noncanonical signaling by ionotropic kainate receptors. *Neuron* 31: 543–553.

Ruiz A, Sachidhanandam S, Utvik JK, Coussen F and Mulle C (2005). Distinct subunits in heteromeric kainate receptors mediate ionotropic and metabotropic function at hippocampal mossy fiber synapses. *J Neurosci* 25(50): 11710-8.

Rutkowska-Wlodarczyk I, Aller MI, Valbuena S, Bologna JC, Prézeau L and Lerma J (2015). A proteomic analysis reveals the interaction of GluK1 ionotropic kainate receptor subunits with Go proteins. *J. Neurosci.* 35(13):5171-9.

Sather W, Johnson JW, Henderson G and Ascher P (1990). Glycine-insensitive desensitization of NMDA responses in cultured mouse embryonic neurons. *Neuron* 4: 725–731.

Seeburg, P. H. (1996). The role of RNA editing in controlling glutamate receptor channel properties. *J. Neurochem.* 66: 1–5.

Schiffer HH, Swanson GT and Heinemann SF (1997). Rat GluR7 and a carboxy-terminal splice variant, GluR7b, are functional kainate receptor subunits with a low sensitivity to glutamate. *Neuron* 19: 1141–1146.

Schmitz D, Frerking M and Nicoll RA (2000). Synaptic activation of presynaptic kainate receptors on hippocampal mossy fiber synapses. *Neuron* 27: 327–338.

Schmitz D, Mellor J and Nicoll RA (2001a). Presynaptic kainate receptor mediation of frequency facilitation at hippocampal mossy fiber synapses. *Science* 291: 1972–1976.

Schmitz D, Mellor J, Frerking M and Nicoll RA (2001b). Presynaptic kainate receptors at hippocampal mossy fiber synapses. *Proc Natl Acad Sci USA* 98(20): 11003-8.

Schmitz D, Mellor J, Breustedt J and Nicoll RA (2003). Presynaptic kainate receptors impart an associative property to hippocampal mossy fiber long-term potentiation. *Nat Neurosci* 6: 1058–1063.

Selak S, Paternain AV, Aller MI, Picó E, Rivera R and Lerma J (2009). A role for SNAP25 in internalization of kainate receptors and synaptic plasticity. *Neuron* 63(3):357-71.

Shi TY, Feng SF, Wei MX, Huang Y, Liu G, Wu HT, Zhang YX and Zhou WX (2018). Kainate receptor mediated presynaptic LTP in agranular insular cortex contributes to fear and anxiety in mice. *Neuropharmacol.*128:388-400.

Sihra TS and Rodríguez-Moreno A (2013). Presynaptic kainate receptor-mediated bidirectional modulatory actions: mechanisms. *Neurochem Int.* 62(7):982-7.

Sihra TS, Flores G and Rodríguez-Moreno A (2014). Kainate receptors: multiple roles in neuronal plasticity. *Neuroscientist* 20(1):29-43.

Simmons, RM, Li DL, Hoo KH, Deverill M, Ornstein PL and Iyengar S (1998). Kainate GluR5 receptor subtype mediates the nociceptive response to formalin in the rat. *Neuropharmacology* 37: 25–36.

Sloviter RS and Damiano BP (1981). Sustained electrical stimulation of the perforant path duplicates kainate-induced electrophysiological effects and hippocampal damage in rats. *Neurosci Lett* 24(3): 279-84.

Sommer B, Kohler M, Sprengel R and Seeburg PH (1991). RNA editing in brain controls a determinant of ion flow in glutamate-gated channels. *Cell* 67: 11–19.

Sommer B, Burnashev N, Verdoorn TA, Keinänen K, Sakmann B and Seeburg PH (1992). A glutamate receptor channel with high affinity for domoate and kainate. *EMBO J* 11: 1651–1656.

Smith TC, Wang L and Howe JR (1999). Distinct kainate receptor phenotypes in immature and mature mouse cerebellar granule cells. *J Physiol (Lond)* 517: 51–58.

Stern-Bach Y, Bettler B, Hartley M, Sheppard PO, O'Hara PJ and Heinemann SF. (1994). Agonist selectivity of glutamate receptors is specified by two domains structurally related to bacterial amino acid-binding proteins. *Neuron* 13: 1345–1357.

Swanson, GT, Feldmeyer D, Kaneda M and Cull-Candy SG (1996). Effect of RNA editing and subunit co-assembly singlechannel properties of recombinant kainate receptors. *J Physiol (Lond).* 492: 129–142.

Swanson GT, Gereau RW, Green T and Heinemann SF (1997). Identification of amino acid residues that control functional behavior in GluR5 and GluR6 kainate receptors. *Neuron* 19: 913–926.
Swanson GT, Green T and Heinemann SF (1998). Kainate receptors exhibit differential sensitivities to (*S*)-5-iodowillardiine. *Mol Pharmacol* 53: 942–949.

Taverna FA, Wang LY, MacDonald JF and Hampson DR (1994). A transmembrane model for an ionotropic glutamate receptor predicted on the basis of the location of asparagine-linked oligosaccharides. *J Biol Chem* 269: 14159–14164.

Tölle TR, Berthele A, Zieglgansberger W, Seeburg PH and Wisden W (1993). The differential expression of 16 NMDA and non-NMDA receptor subunits in the rat spinal cord and in periaqueductal gray. J *Neurosci* 13: 5009–5028.

Tong G, Malenka RC and Nicoll RA (1996). Long-term potentiation in cultures of single hippocampal granule cells: a presynaptic form of plasticity. *Neuron* 16: 1147–1157.

Traynelis SF and Cull-Candy SG (1990). Proton inhibition of N-methyl-D-aspartate receptors in cerebellar neurons. *Nature* 345(6273): 347-50.

Traynelis SF and Wahl P (1997). Control of rat GluR6 glutamate receptor open probability by protein kinase A and calcineurin. *J Physiol (Lond)* 503: 513–531.

Traynelis SF, Wollmuth LP, McBain CJ, Menniti FS, Vance KM, Ogden KK, Hansen KB, Yuan H, Myers SJ and Dingledine R (2010). Glutamate receptor ion channels: structure, regulation, and function. *Pharmacol.* Rev. 62, 405–496.

Tzounopoulos T, Janz R, Sudhof TC, Nicoll RA, and Malenka RC (1998). A role for cAMP in long-term depression at hippocampal mossy fiber synapses. *Neuron* 21: 837–845.

Valbuena S and Lerma J (2016). Non-canonical Signaling, the Hidden Life of Ligand-Gated Ion Channels. *Neuron* 92(2):316-329.

Van Nest D, Hernandez NS, Kranzler HR, Pierce RC and Schmidt HD (2017). Effects of LY466195, a selective kainate receptor antagonist, on ethanol preference and drinkingin rats. *Neurosci. Lett.* 639:8-12.

Verdoorn TA, Johansen TH, Drejer J and Nielsen EO (1994) Selective block of recombinant GluR6 receptors by NS-102, a novel non-NMDA receptor antagonist. *Eur. J Pharmacol* 269: 43–49.

Vignes M and Collingridge GL (1997). The synaptic activation of kainate receptors. *Nature* 388: 179–182.

Vignes M, Clarke VJR, Parry MJ, Bleakman D, Lodge D, Ornstein PL, and Collingridge GL (1998). The GluR5 subtype of kainate receptor regulates excitatory synaptic transmission in areas CA1 and CA3 of the rat hippocampus. *Neuropharmacology* 37: 1269–1277.

Wang Y, Small DL, Stanimirovic DB, Morley P and Durkin JP (1997). AMPA receptor-mediated regulation of a Gi-protein in cortical neurons. *Nature* 389: 502–504.

Watkins JC and Evans RH (1981). Excitatory amino acid transmitters. *Annu Rev Pharmacol Toxicol* 21: 165-204.

Weisskopf MG, Castillo PE, Zalutsky RA, and Nicoll RA (1994). Mediation of hippocampal mossy fiber long-term potentiation by cAMP. *Science* 265: 1878–1882.

Werner P, Voigt M, Keinänen K, Wisden W and Seeburg PH (1991). Cloning of a putative high-affinity kainate receptor expressed predominantly in hippocampal CA3 cells. *Nature* 351: 742–744.

Willard JM and Oswald RE (1992). Interaction of the frog brain kainate receptor expressed in Chinese hamster ovary cells with a GTP-binding protein. *J Biol Chem* 267(27): 19112-6.

Wilding TJ and Huettner JE (1995). Differential antagonism of a-amino-3-hydroxy-5-methyl-4-isoxazolepropionic acid-preferring and kainate-preferring receptors by 2,3-benzodiazepines. *Mol Pharmacol* 47: 582–587.

Winding TJ and Huettner JE (1997). Activation and desensitization of hippocampal kainate receptors. *J Neurosci* 17: 2713–2721.

Wisden W and Seeburg PH (1993). A complex mosaic of high-affinity kainate receptors in rat brain. *J Neurosci* 13: 3582–3598.

Wu LJ, Zhao MG, Toyoda H, Ko SW and Zhuo M (2005). Kainate receptor-mediated synaptic transmission in the adult anterior cingulated cortex. *J Neurophysiol* 94(3): 1805-13.

Yashiro K and Philpot BD (2008). Regulation of NMDA receptor subunit expression and its implications for LTD, LTP, and metaplasticity. *Neuropharmacology* 55(7): 1081-94.

Yokoi M, Kobayashi K, Manabe T, Takahashi T, Sakaguchi I, Katsuura G, Shigemoto R, Ohishi H, Nomura S, Nakamura K, Nakao K, Katsuki M and Nakanishi S (1996). Impairment of hippocampal mossy fiber LTD in mice lacking mGluR2. *Science* 273: 645–647.

Zhang HJ, Li C and Zhang GY (2012). ATPA induced GluR5-containing kainite receptor S-nitrosylation via activation of GluR5-Gq-PLC-IP(3)R pathway and signalling module GluR5·PSD-95·nNOS. *Int. J. Biochem. Cell. Biol.* 44(12):2261-71.

Zhu S and Gouaux E (2017) Structure and symmetry inform gating principles of ionotropic glutamate receptors. *Neuropharmacol.* 112(Pt A):11-15.

Ziegra CJ, Willard JM and Oswald RE (1992). Coupling of a purified goldfish brain kainate receptor with a pertussis toxin-sensitive G protein. *Proc Natl Acad Sci USA* 89(9): 4134-8.

Printed by Books on Demand GmbH, Norderstedt / Germany